符號禪意東洋風

新思潮叢書 ⑦

符號禪意東洋風

著者／羅蘭‧巴爾特
譯者／孫乃修

臺灣商務印書館 發行

羅蘭・巴爾特（Roland Barthes, 1915-1980）是本世紀60年代以來法國文學界躍起的一顆最璀璨奪目的明星，繼薩特①之後，他很快就以一系列極有魅力的、既富有思想獨創性、又富有形式獨創性的著述而成爲當代國際文壇的先鋒人物，成爲對整個西方世界具有深刻影響力的文學批評家和思想家。

1915年11月12日，巴爾特出生於法國一個信奉新教的家道没落的中產階級家庭。就在這一年，作海軍軍官的父親在戰爭中陣亡，小巴爾特跟着母親和祖父母在法國西南角濱臨大西洋的港口小城巴永納（Bayonne）度過幼年。九歲時，隨母親移居巴黎。母親用自己當書籍裝訂工掙的一點微薄收入養家活口。年輕的巴爾特已學會節衣縮食，省下錢來買書和生活必需品，嘗盡了貧窮的苦味。1934年，巴爾特以優異成績中學畢業，本想投考競爭性極強、爲最優秀的學子所仰慕的高等師範學院，不幸肺結核襲身，只得去比利牛斯山區療養。一年後，他回到巴黎，繼續修法文、拉丁文和希臘文大學課程。1939年，風雲突變，第二次世界大戰爆發，免服兵役的巴爾特在巴黎的中學裏任教，直到1941年肺病復發才停止工作。此後五年裏，他在阿爾卑斯山中的療養院生活得很有規律，讀了大量書籍。後來他去羅馬尼亞、埃及教授法文。回國後在法國文化部工作了兩年。1952年，他獲得一筆獎學金從事詞匯學研究。1960年，他在高等研究實驗學院任教，兩年後成為正式教師。

雖然巴爾特早在50年代就發表了兩部文學批評著作，《寫作的零度》（ *Le Degré zéro de l'écriture,* 1953 ）和《米舍萊自述》（ *Michelet par lui-même,* 1954 ），但在1965年以前，勤奮、活躍的巴爾特在法國思想界一直是個敲邊鼓式的人物。這一年，巴爾特50歲，他的論敵、索爾邦大學教授雷蒙・皮卡爾（ Raymond Picard ）成全了他。皮卡爾發表了《新批評還是新騙術》（ *Nouvelle critique ou nouvelle imposture ?* ）一書，鋒芒直指巴爾特（皮氏反對的主要是巴爾特研究拉辛時所運用的那種精神分析學論點），法國新聞界緊跟其後，遂使巴爾特成為文學研究領域中一切激進、荒誕、蠻橫無禮的傾向的代表人物，於是巴爾特以惡名遠揚國際文壇。實際上，這是他對法國文化進行犀利無情的批判而贏得的聲望。他依然手不停筆，埋頭著書立說。60年代後期，巴爾特已躋身巴黎文化界名流之列，與列維—斯特勞斯②、米歇爾·福柯③、雅克·拉康④並駕齊驅。於是各種旅行和講演的邀請紛至沓來。但他更願幽居，躲在研究院從事研究。1976年，他應聘擔任法蘭西學院教授。1980年2月，巴爾特在穿過法蘭西學院門前的大街時，被一輛卡車撞倒，四周後（3月26日）逝世。

巴爾特一生發表了二十餘部著作，除了上面所提到的兩部著作之外，還有《神話集》（ *Mythologies,* 1957 ）、《論拉辛》（ *Sur Racine,* 1963 ）、《符號學原理》（ *Eléments de sémiologie,* 1964 ）、《批評文集》（ *Essais critiques,* 1964 ）、《批評與真實》（ *Critique et vérité,* 1966 ）、《時裝系統》（ *Système de la Mode,* 1967 ）、《S／Z》（ *S／Z,* 1970 ）、《符號禪意東洋風》（ *L'Empire des Signes,* 1970 ）、《薩德、傅立葉、羅耀拉》（ *Sade, Fourier, Loyola,* 1971 ）、《本文的歡欣》（ *Le Plaisir du texte,* 1973 ）、《巴爾特談巴爾特》（ *Roland Barthes par Roland Barthes,*

1975）、《戀人絮語》（ *Fragments d'un dis-cours amoureux,* 1977）、《轉繪儀》（ *La Chambre claire,* 1980）等等。其中，《論拉辛》一書曾引起批評界的廣泛爭議；《薩德、傅立葉、羅耀拉》與《S／Z》是兩本以結構主義觀點研究文學的專著；《戀人絮語》對情人之間那種充滿情感的語言做了有情趣的探討，這本書使這位書齋式學者的作品贏得了極爲廣泛的讀者；而《符號禪意東洋風》則是他根據自己訪問日本時的觀感寫成的一部別具一格的著作。巴爾特自己說，他在撰寫這本書時所獲得的歡悅之情大於他的其他任何一部著作。

　　《符號禪意東洋風》是巴爾特以符號學觀點寫成的一部具有比較文化研究性質的著作。他把日本人日常生活的各面——諸如語言、飲食、遊戲、城市建構、商品的包裝、木偶戲、禮節、詩歌（即俳句）、文具、面容等等——均看作是一種獨特文化的各種符號，並且對其倫理含義做了深入的思考。在對這個東方民族的各種文化符號進行探索和研究的過程中，他的參照系就是法國和西方民族的文化系統。他不是西方種族優越論者，也不是西方文化中心論者，這些文化偏見與他無緣，因此，他在對本民族文化系統之外的另一個遙遠的、風格迥異的文化系統進行觀照和思考時，能夠保持學者的冷靜和公允的態度。他以西方人那種新奇和學者的敏感，常常對日本人生活中極其普通而又瑣細的小節思考得很深很細，從中發現出深層的文化涵義、心理特徵、人格本質和人生態度，這些文化內容恰恰同西方文化內涵構成極其鮮明而又饒有趣味的對照。他非但沒有西方人的文化優越感，沒有巴黎人的自豪，而且轉而對自己的文化及其傳統投以懷疑和冷嘲的一瞥，回贈以無情的諷喻，顯示出這位氣質不凡的思想家的強烈的反傳統精神。關於日本觀感和遊記方面的文字，我們見到的不算少，可惜大都停留在對表面現象作浮光掠影的、獵奇式的記述上；而巴爾特這本著作充滿創造性和獨特性，不僅把讀者的視野拓展得極其廣闊，而且挖掘得相當深刻，給讀者以新鮮的、更深刻的文化震動、文化啟示和更高層次的一種美的欣悅感和理知的滿足。符號學方法的獨到，思維的精深，散文的筆調，使這本著作兼具文學家的格調和學者的氣質。

　　從19世紀末以來，特別是20世紀，東方的文化和藝術開始對西方產生一種異乎尋常的魅力。不少極有天才、尋求文化突破和自我超越的思想家、作家、藝術家，例如文學家羅曼·羅蘭⑤、哲學家羅素⑥、畫家梵·高⑦、馬蒂斯⑧、以及詩人龐德⑨，都把自己的思想和藝術觸角探到充滿神秘色彩和獨特文化個性的東方之林，尋求新鮮的感受和奇異的想象。哲學家羅素曾在1922年出版了一本研究中國社會政治問題的專著《中國問題》（ *The Problem of China* ）；英國著名詩人兼學者勞倫斯·比尼恩⑩曾在1936年出版了一本探討東方文化精神的專著《亞洲藝術中人的精神》（ *The Spirit of Man in Asian Art* ），通過對各種藝術的研究而深入揭示了東方人的心靈內核，其中辟專章對日本人的文化精神做了饒有情趣的研究。西方學者、思想家對東方的種種研究，功不可沒，然而不免有時讓我們產生隔靴搔癢或似是而非之感。這恐怕很像東方人對西方文化的研究給西方學者產生的那種感覺。羅蘭·巴爾特這本《符號禪意東洋風》，儘管精妙之見迭出，也難免有時使人產生類似的感覺。譬如，他在談到筷子時認爲，筷子不像西方餐具——刀、叉——那樣用於切、扎、截，因而"食物不再成爲人們暴力之下的獵物，而是成爲和諧地被傳送的物質"。這話其實並不錯，只是忽視了掩飾在這種溫雅面紗下面的另一種東西，這恰恰是東方人獨具的一種智慧方式，一種狡黠的聰明和才智。西方人用刀叉在宴席上又切又割，確實讓人感到一種殘酷和暴虐，明明白白、毫不掩飾地蹂躪肉食。在這方面，我們東方人的筷子的確要溫文爾雅多了，幾乎毫不加害於食物，非常君子氣。更何況至聖先師孔子早就說過"君子遠庖廚"，那種又殺又剮地凌遲肉食的殘酷事，君子怎麼能幹呢？但東方人自古以來一直是性喜吃肉的民族，與西方人毫無二致；也就是說，無辜的動物總是要被宰殺的。因而，要說殘酷和暴虐，誰也跑不了。不同的是，東方人把屠戮生靈的事放在君子所遠避的後院廚房深處去幹，不像西方人在餐桌上還舞刀弄叉地張狂。東方人更懂掩飾，更懂裏外，因而在這方面，要比西方人更多一層智慧。可惜這一點是巴爾特疏漏的一個最可見出文化特質的重要細節，不然或許會給這本著作錦上添花，再增一層文化深度。

　　巴爾特在研究日本文化時，不是停留在語言材料和文字典籍上，而是深入到日常生活各面，這是更有生命力的活生生的文化材料。他特別重視人體"語言"的功用，強調各種文化現象的"書寫"性和那種帶有禪宗意味的空無性。我們也應當指出，巴爾特實際上是把日本文化同自己所虛擬和構想的、與西方文化迥異其趣的另一種文化系統揉在一起而進行探討和論述的，因而，有時在對具體文化現象的分析和解釋時，不免流露出主觀性和邏輯推演的痕迹。這說明，在巴爾特眼中，日本不僅是一種真實的文化存在，而且是一種虛構的文化理想。這位思想家需要構擬和發現一個存在於虛實之間的文化實體，以便同現存的西方文化及其傳統抗衡，對之產生強烈的震撼、衝擊和反撥。

這本著作以學者的深思、散文的筆調寫成，每一章都短小精悍，卷舒自如，是一種很難得的簡潔文體。書中所收文章凡26篇，涉及日本文化諸多方面，均一一加以文化透視，並且始終以一種對於日本文化所持的總體觀念來貫穿全書，因而於舒散中見出整體感。這種舒散的寫作方式，也許正是巴爾特有意按照他對日本文化的理解而採取的表達方式。

孫乃修
序於北京城南康有爲故居畔

【注釋】

①薩特（ Jean-Paul Sartre, 1905-1980 ），法國存在主義
　哲學家、小說家、劇作家、散文家、批評家，著述甚
　豐，影響極大。1943年，憑劇本《蒼蠅》（ *Les*
　Mouches ）而成名。同年又發表了其主要哲學論著《存
　在與虛無》（ *L'Etre et le néant* ），奠定了他在哲學界
　的地位，書中所表現的存在主義，源於丹麥和德國哲
　學，認爲人的命運是荒誕無稽的；每個人活着不過是爲
　了確定別人的存在而已。小說方面，以《惡心》（ *La*
　Nausée, 1938 ）最成功，這部作品把他的哲學和藝術全
　面結合起來。

②列維—斯特勞斯（ Claude Lévi-Strauss, 1908-　　），
　法國社會人類學家，也是結構主義的主要倡導人。從
　1959年起任法蘭西學院社會人類學教授，1982年退休，
　對當代人類學貢獻良多。60年代初期，他的著作在法國
　風行一時，尤其是《野性的思維》（ *La Pensée*
　sauvage ，1962 ）一書，流傳極廣，揭開了法國結構主
　義運動的序幕。其他重要作品包括傑出的自傳體遊記《憂
　鬱的熱帶》（ *Tristes tropiques, 1955* ）、學術專著《結構
　主義人類學》（ *Anthropologie structurale*, 二卷，
　1958-1973 ）、《神話學》（ *Mythologiques*, 四卷，
　1964-1972 ）等。

③福柯（ Michel Foucault, 1926-1984 ），法國哲學家、
　社會歷史學家，一直當大學教師，自1970年起在法蘭西
　學院任思想體系史教授。他發表過不少重要論著，研究
　了各類社會建制下的言論和實踐慣例，而這些言論和慣
　例總離不開行使權力的問題，所以，他的著作被視爲對
　權力進行分析的新嘗試。作品有《古典時代的瘋狂史》

（ *Histoire de la folie à l'age classique,* 1961 ）、《監督
和懲罰》（ *Surveiller et punir,* 1975 ）、《性 史》
（ *Histoire de la sexualité,* 三卷，1976-1984 ）等。

④拉康（ Jacques Lacan, 1901-1981 ），法國精神病學
家、精神分析學家。他的思想揉合了語言學、人類學、
象徵邏輯學、集論與拓撲學，對人類科學研究作出了貢
獻。他的著作見解獨到深刻，對傳統觀念具衝擊力，並
對當代思想有相當大的影響。

⑤羅曼‧羅蘭（ Romain Rolland, 1866-1944 ），法國作
家。1915年榮獲諾貝爾文學獎。他寫了好幾部出色的音
樂家傳記，其中以《貝多芬傳》（ *Vie de Beethoven,*
1903 ）最負盛名，又撰寫了《米開朗基羅傳》（ *Vie de
Michel-Ange,* 1905 ）、《托爾斯泰傳》（ *Vie de Tolstoi,*
1911 ）等。"大河小說"《若翰‧克利斯朵夫》（ *Jean-
Christophe,* 十卷，1904-1912 ）為其畢生代表作。

⑥羅素（ Bertrand Russell, 1872-1970 ），英國哲學家、
數學家、散文家、社會學家、邏輯學家，是符號邏輯的
創始人之一。他在語言分析哲學、經驗主義認知論、科
學哲學等方面都提出了獨特的見解。他的著作很多，論
述範圍廣泛，且文筆優美，通俗易懂，影響極其深遠。
重要著作有《哲學問題》（ *The Problems of Philosophy,*
1912 ）、《西方哲學史》（ *A History of Western Phi-
losophy,* 1946 ）、《人類的知識：其範圍與限度》
（ *Human Knowledge: Its Scope and Limits,* 1948 ）
等。

⑦梵‧高（ Vincent Willem van Gogh, 1853-1890 ），荷
蘭畫家。30歲後始自學繪畫，其藝術生涯雖短，但作品
數量頗豐。他善寫農村生活。早期畫作用色較暗，後來

受印象派和東方繪畫影響，色調轉爲強烈鮮明。他的筆觸奔放，線條充滿動感，風格獨具。後因精神病自殺。

⑧馬蒂斯（ Henri Matisse, 1869-1954 ），法國畫家、雕塑家、版畫家、插圖畫家、設計師。他先讀法律，後於1890年改習繪畫。除了1915年這個灰暗的戰爭年代之外，其作品的主題總是生活的歡樂。馬蒂斯晚年長期臥病不起，仍創作不輟，且作品質量極高。

⑨龐德（ Ezra Pound, 1885-1972 ），美國詩人。他的詩學觀對現代英美詩歌及文學批評的發展具有頗大的影響。他提出詩必須具體、精煉，不可用詩來叙述、描寫等等。代表作是《詩章》（ Cantos ），共收入百多首既獨立又相關的詩作。

⑩比尼恩（ Laurence Binyon, 1869-1943 ），英國詩人、劇作家、美術史家，是西方研究東方繪畫的先驅。除《亞洲藝術中人的精神》外，尚著有《遠東繪畫》（ Painting in the Far East, 1908 ）一書，這是他第一部探討東方美術的專著，至今仍不減其經典價值。此外，他亦以詩體翻譯但丁（ Dante ）的《神曲》（ Divine Comedy ）而馳譽文壇。

目　錄

ii

目

錄

圖 片 目 錄

   日本人搜尋蘑菇時，都帶備
   蕨條或一小捆稻草（如圖中
   所示的），用以把蘑菇串起
   來。這是一幅俳畫，連着一
   首俳句：
    他貪念漸生
    目光落在
    蘑菇上

ii

圖片目錄

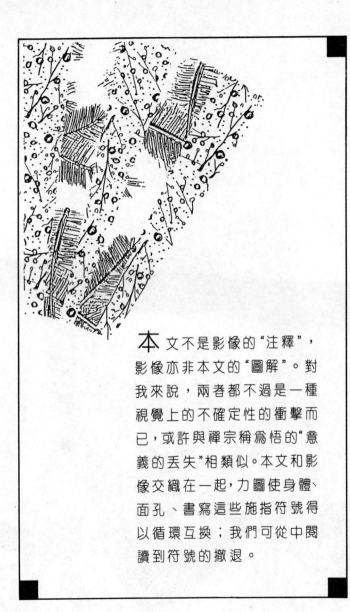

本文不是影像的"注釋",影像亦非本文的"圖解"。對我來說,兩者都不過是一種視覺上的不確定性的衝擊而已,或許與禪宗稱爲悟的"意義的丢失"相類似。本文和影像交織在一起,力圖使身體、面孔、書寫這些施指符號得以循環互換;我們可從中閲讀到符號的撤退。

1

遙遠的國度

　　如果我想憑想象虛構出一個民族，那麼我可以爲它起個杜撰的名字，宣稱它是小說裏的對象，創造出嶄新的加拉巴恩（Garabagne），這就不必把任何真實的國度折衷於我的幻想之下（雖然我卻要拿幻想本身折衷於文學的符號之下）。我還可以——儘管我決不希圖對現實本身進行描述或分析（這些都是西方話語篇章的主要表述情態）——把世界上某個地區（**遙遠的國度**）出現的一組特徵（這是語言學中運用的術語）抽出來，細心地根據這些特徵來構成一個系統，我將把這個系統稱爲：日本。

　　因此，在這裏，不能把東方和西方看作是"現實"而進行歷史、哲學、文化、政治諸方面的比較和對照。我不是戀戀不捨地把目光盯在東方的一種美質上，在我看來，東方是無關緊要的，只不過提供出一套特徵，這套特徵的操作活動——它那種被創造出來的相互作用——讓我沉酣於一種前所未聞的符號系統的意念之中，這種符號系統與我們自己的符號系統截然不同。在思考東方的時候，能夠講出來的不是其他符號，不是另一種形而上學，也不是另一種智慧（儘管後者看起來會讓人十分滿意），而是符號系統的正常規範中可能出現的一種差異，一種變革，一種革命。總有一天我們會就我們自己的愚陋寡聞寫一部歷史，揭示出我們那種自我迷戀的愚昧性，記錄下多個世紀以來出現的那幾次對於我們偶爾聽到的差異的追求，以及必然隨之而來的那種理念上的復原，這種理念上的復原就在於我們總是用某些已經懂得的語言（伏爾泰①筆下的東方，《亞洲雜誌》[*Revue Asiatique*]中的東方，比埃爾・洛蒂②筆下的東方，或是《法蘭西航空》[*Air France*]中的東方）來迎合我們那種對於亞洲的無知心理。今天，毫無疑問，對於東方，有上千種事情需要瞭解，現在和將來都必須付出**知識上的**巨量勞動（這項工作的拖延只能是理念上的閉塞的結果）；然而，撇開黑暗籠罩下的龐大領域（資本主義的日本、美國的文化滲透、技術上的發展）不談，還有一點必須要做，那就是運用一線思想之光去探求那種符號上的歧異，而不是探求其他符號。這種歧異並不表現在文化產物的層面上，這裏所描述的與藝術、與日本人的都市生活方式、與日本人的烹調沒有關係（或者說是希望這樣）。不管怎麼說，作者從未拍攝過日本，情況恰恰相反：日本發出光華萬道，耀目逼人；更甚的是，日本爲他提供了一種寫作的情境。在這種情境中，作者的心靈出現某種迷亂，從前讀過的東西頃刻傾覆，意義遭到撕碎，漸漸導致一種不可替代的空虛，造成震動，而客觀物依然是有意味的，依然悅人心意。總而言之，寫作本身乃是一種悟（ satori ），悟（禪宗中驀然出現的現象）是一種強烈的（儘管是無形的）地震，使知識或主體產生搖擺：它創造出**一種無言之境**。它同樣也是構成寫作的一種無言之境；從這種空無中產生出諸般特點，禪宗憑藉着這些特點來書寫花園、姿態、房屋、插花、面容、暴力，而抽光一切意義。

【譯注】

①伏爾泰（ Voltaire, 1694-1778 ），法國作家、哲學家，
　是18世紀法國啟蒙運動的主要代表。原名爲弗朗梭阿·
　馬利·阿魯埃（ François-Marie Arouet ）。他頗推崇孔
　子的思想，認爲通過孔子"爲政以德"的精神，可以建立
　和平幸福的社會。

②比埃爾·洛蒂（ Pierre Loti, 1850-1923 ），法國海軍軍
　官、小說家路易·馬利·朱利安·維奧（ Louis Marie
　Julien Viaud ）的筆名。

未知的語言

這只不過是一個夢想：去認識一種外語，但不能透徹地理解它：能認識到這種外語[跟母語]的分別，但卻不能藉[這種外語的]對話、[口語]交流和鄙言俗語等語言的社會特質之助，而使我們消除這種理解上的障礙；通過一種新的語言（這種語言能直接反映出我們自身的情況）去認識我們的語言之不足；要知悉那些難以設想的事物的底蘊；想通過其他規範、其他句法的作用，以揚棄我們對事物既定的成見；在言談中，流露出主體中某些意想不到的內涵，把主體從一種自縛的情況下解救出來；一句話，想進入那種不可轉譯的境地，去經歷而不是掩抑那種震撼，直到我們這裏每一件西方的事物都搖搖欲墜，父系語言的那些權利和地位統統搖晃不已。父系語言從父輩那裏傳給我們，輪到我們這一代，又成了父親，成爲一種文化的擁有者，準確地說，這種歷史轉變成"天性"。我們知道，亞里士多德①哲學的那些主要概念莫名其妙地受到希臘語言的那些主要的結構方式的**限制**。反過來説，如果一種非常遙遠的語言能夠發出縹緲的微光，讓我們瞥見那些不能還原的差異，那該是多麼有益的事。薩丕爾②或沃爾夫③對切努克語（ chinook ）、諾特卡語（ nootka ）、河皮語（ hopi ）的論述，格臘内④對漢語的論述，一位朋友對日語的論述，都把那個虛構的王國整個打開，對於這個虛構的王國，只有某些現代本文（但不是小説）才能夠爲它提出一種意念，讓我們感知一片風光，我們的言語（我們自己的言語）無論如何決不能發現這片風光，也決不能料想到這片風光。

因此，在日語裏，功能性後綴詞的廣泛應用以及接續詞的複雜性，意味着這一點：主體通過某些預防性、重複性、拖延性以及堅持性等等手段——它們最終的容量（我們不能再談論一行簡單的詞語了）恰恰把主體轉變成一個空無言語的巨大外皮，而不再是那種應當從外面和上面指揮着我們的句子的緊密核心——而進入言辭中，因此，在我們看來那種似乎是主體性的超量表現（據說日語表達的是印象，而不是誓詞）反倒更是使主體在一種零碎的、顆粒狀的、最後分崩離析、走向空無的語言中淡化、弱化、並且元氣大傷的手段。還有，日語和很多語言一樣，也把有生命物（人類的和動物的）與無生命物區別開來，這一點最明顯地表現在是（être）這個動詞上；而故事中虛構的人物（**"很久很久以前，有一位國王"**）則被賦予無生命形式；而我們的全部藝術卻是在拼命地把"生命感"、"真實感"貫注入虛構人物之中，但在日語的結構中，卻把這些虛構的人物還原為或是限定為**產品**——一種從有生命物中分離出來的符號（這就是極佳的"不在場證據"）。而且，更有甚者，我們的語言沒有設想到的東西，它設想出來：我們怎麼能夠**想象**，一個動詞既沒有主語、也沒有表語，但卻是及物的，這就等於說，一種知識行為，既不知道主體，也沒有已知的客體。然而，正是這種想象才需要我們面對印度的禪（dhyana），即中國的禪和日本的禪宗的起源，顯然，不把主體和神歸還給它，我們就不能夠通過**沉思冥想**來譯解它：把它們驅趕出去，它們重又歸來，它們駕馭着的正是我們的語言。這些現象和其他許多現象都使我們確信：試圖去批判我們的社會，卻不考慮這種用於批判的語言的種種局限性（即語言工具的適當性），這該是多麼荒謬！這是試圖靠舒舒服服地躺在狼的咽喉裏想消滅這隻狼。一種脫離常規的語法的這類實踐，至少會具有這樣的優點：那就是把懷疑投向我們西方言語的那種觀念形態。

【譯注】

①亞里士多德（ Aristotle, 前384–前322 ），古希臘哲學家、科學家。主要著作有《工具論》、《形而上學》、《物理學》、《倫理學》、《政治學》、《詩學》等。

②薩丕爾（ Edward Sapir, 1884–1939 ），美國語言學家和人類學家，是繼博阿斯（ Franz Boas, 1858–1942 ）以後研究美洲印第安語最著名的專家。

③沃爾夫（ Benjamin Lee Whorf, 1897–1941 ），美國語言學家和人類學家。

④格臘內（ Marcel Granet, 1884–1940 ），法國東方學家。曾留學中國（ 1911–1913 ）。著有《古代中國的祭祀與歌謠》（ *Fêtes et chansons anciennes de la Chine,* 1919 ）、《中國人的宗教》（ *La religion de Chinois,* 1922 ）、《中國的封建制度》（ *Féodalité chinoise,* 1952 ）等許多著作。

3

一種不懂的語言那細聲耳語般的一
團聲音，構成一種巧妙的保護性能，把
外國人（假設這個國度對他沒有敵意）
投入一種音聲的薄膜的包圍之中，使一
切與他的母語迥異的東西都受到阻礙；
不論是講話者的地域性和社會出身，或
是他的文化層次、智力水平、情趣雅
俗，或是他自身形成的那種人格形象以
及他讓你認識的那種形象，都不能進入
耳朵。因此，置身異國，真是大好的休
息良機！在這裏，我受到保護，免受愚
蠢、粗鄙、虛榮、世俗、民族性、規範
性等的騷擾。這種不懂的語言——我依
然抓得住那種呼吸的特點，那種情感的
流動，一句話，就是那種純粹的含
義——把我團團圍住，當我走動的時

候，它就會使我微微產生一種暈頭轉向之感，把我拋入它那種人爲的空靈之境，這種空靈之境只是對我才變得如此完滿：我生活在這種虛空中，從一切已有的意義中獲得解脫。**你是怎樣對付這種語言的？**這話的含義就是説：**你是怎樣滿足交流上的那種重大需要的呢？**或者説得更準確些，這話是以實際的詢問方式掩蓋着的一種理念上的論斷：**除了言語之外，是不存在任何交流的。**

可是在這個國度（日本）裏，施指符號①的帝國如此之廣闊，它超過了言語的範圍，乃至使符號的交換依然保留着一種迷人的豐富性、流動性和微妙性，儘管這種語言晦澀難懂，這些迷人的性質有時甚至就像是那種晦澀的結果。它之所以如此，原因在於，在日本，人體存在着，行動着，顯示自己，坦裎自己，毫無歇斯底里症，毫無自戀癖，而是遵照着一種純粹的性愛機能，儘管這種性愛機能有着一種微妙的間斷性。進行交流（與甚麼交流呢？與我們的——那當然是美麗的——靈魂？與我們的真誠之心？與我們的威望？）的不是聲音（通過聲音，我們辨別出講話者的"權利"），而是整個人體（眼睛、微笑、頭髮、姿勢、衣著），它爲你提供一種喃喃話語，

符號禪意東洋風

這些符碼（codes）起着完全決定的作用，將一切倒退的、幼稚的性質一掃而光。定一個約會（通過姿勢、繪在紙上的圖畫、專有名詞）可能需要一個鐘頭，但是在這個鐘頭裏，如果信息是從話中講出來的（它既是十分重要的，又是毫無份量的），那麼它就會轉眼之間被取消，人們懂得、領悟、接受的乃是對方的整個人體，而且正是對方的整個人體顯示出（並無實際目的）它自身的敘述內容、它自身的本文。

【譯注】

①Signifiants，亦有人譯為"能指"、"施指"。

用不着言辭

4

餐盤看上去就像是一幅安排得最美妙的圖畫：它以深色的背景襯托，放着各種各樣的東西（飯碗，盒子，碟子，筷子，幾小堆食品，一小塊灰色的生薑，一點切得碎碎的橙色蔬菜，配上一碟棕色的調味汁），這些碗具和零零碎碎的食物，數量少但種類多，這些餐盤可以説符合了圖畫的定義，用比耶羅·德拉·弗蘭西斯卡①的話來説，圖畫"只是平面和立體的一種表現，它們按照各自的特點，成爲或大或小的形狀。"然而，這種看上去美妙悦目的排列，早晚要被破壞，依照就餐的那種節奏而重新組合；開始時的那個靜止的動人景象變成一個工作台或是一個棋盤，那個空間不是用來觀賞的，而是用來活動的，是用於實際操作或遊戲的；這幅圖畫實際上只是一塊調色板（一個工作的平面），你將在就餐的過程中在它上面調弄，這裏夾點兒青菜，那裏夾一下米飯，那邊蘸一點調味品，這邊再呷一口湯，隨你的便，那種風度猶如一位日本書畫藝術家坐在一排盆盆罐罐面前，此時，他既心中有數，又有些沉吟不決；這樣，就餐本身既沒有被否定，也沒有被削弱（毫無疑問，人們對食物抱着一種無所謂的態度，那常常是一種道德的態度），依然帶上一種工作或是玩耍的性質，很少對原料做甚麼加工改造（原料本是**廚房**和**烹飪**所用的東西；但日本菜卻極少做熟，食料都是以本身的那種自然狀態被放在盤子裏端來，所經過的加工，實際上只是切一切而已），而是改改樣子，以某種方式令人賞心悅目地把各種菜肴併在一起，吃的時候可以隨意去夾，沒有固定的一套禮節規約（你可以喝一口湯，吃一口米飯，夾一棵青菜）：在關乎選擇食物獲取營養之事上，你可以根據自己的喜愛，隨意去吃那些菜；菜肴不再是某種具體化活動的產物，在我們看來，菜肴的配製在時間和空間上都與我們隔着一段"謙恭有禮的"距離（菜肴先在廚房中的某個地方——這是一個秘密的房間，在這裏**做甚麼都行**——精心備好，併好，拌好，弄得香噴噴，勾上芡）。正是這樣，日本的菜肴具有一種**活鮮鮮的**特性（這並不意味着是**自然狀態的**），看上去它一年四季都會使詩人的這種願望得到滿足："呵，以佳肴美饌，慶賀春天的到來……"

從繪畫的角度看，日本菜也很少具有直接的視覺性，這種特點與人體有着極為深刻的聯繫（它與用於繪畫或控制的手的那種重力和運作相關聯），而且它不在於色彩，而在於**觸動**。做熟的米飯（它的絕對獨特的本體通過一個特有名稱得到證實，但這不是生米飯的概念）只能界定為一種具有矛盾性的物質；它既是聚合的，又是可以分開的；它的實質目的就在於形成這種零碎的、成團的、暫時聚合在一起的狀態；它是所有日本食物中唯一有份量的食品（這與中國食品不同）；它往下沉，而不是往上浮；在這幅圖畫中，它構成一片緊密的白色，呈顆粒狀（與我們西方的**麵包**正相反）而又是疏鬆的：端上桌來的時候，緊緊地黏結在一起，一點也不零散，直到筷子觸到時才散開，但這種分離似乎只是為了產生另一種不能再分離的聚合體；正是這種超乎食物的有節律的（不完全的）缺陷供人享用②。與此相同的是日本的湯，這是質料的另一種極端形

le rendez-vous

Ouvrez un guide de voyage : vous y
trouverez d'ordinaire un petit lexique,
mais ce lexique portera bizarrement sur
des choses ennuyeuses et inutiles : la doua-
ne, la poste, l'hôtel, le coiffeur, le mé-
decin, les prix. Cependant, qu'est-ce que
voyager ? Rencontrer. Le seul lexique
important est celui du rendez-vous.

邂逅

打開旅遊指南：通常你會發現若干簡單的詞彙，最奇怪
的是，這些詞彙只關涉某些既無聊又無用的事物，諸如
海關啦、郵局啦、旅館啦、理髮店啦、診所啦、價目啦
等等。然而，何謂旅遊？相會是也。我們只需要那些涉
及邂逅的字詞。

式("湯"這個詞太濃,而我們的法文詞 potage ③
則讓人想到 pension de famille ④)。日本的
湯為食物的配製增加一抹清淡之色。在我們法
國,清湯是一種很寒磣的湯;但是在日本,牛肉
湯之清淡,簡直像水,大豆粉或是碎綠豆飄浮在
湯水裏,疏疏落落的兩三個固體物(所見到的碎
片是草、菜的細絲、零零碎碎的魚肉)在不多的
湯水裏飄浮着,乍分乍合,給人一種密度疏朗的
意念,覺得沒有油脂,但卻富於營養,想到那種
令人怡然自得的清純的萬應靈劑:這是一種水產
物(而不是水狀物),是一種海鮮物,它令人想
到一脈清泉,想到一種具有深厚生命力的東西。
日本菜在一種省減的質料系統(從一清見底的東
西到可分割的東西)中、在這種施指符號的閃光
中建立起來:這些都是以語言的一種搖擺性為基
礎建立起來的書寫所具有的基本特點;日本菜表
現出來的的確就是這種特點:這是一種寫出來的
菜肴,它從屬於那種分開和選擇的動作,這種動
作不是把食物刻寫在餐盤上(這與照片中的菜肴
風馬牛不相及,那是我們那些婦女雜誌的花俏擺
設),而是刻寫在一種將人、桌子和宇宙等級化
的深廣的空間中。因為書寫正是這樣一種行為:
在這同一種勞作中,把那些不能被理解的東西在

那種純屬表現的淺平空間中結合成一體。

【譯注】

①比耶羅·德拉·弗蘭西斯卡（ Piero della Francesca，
　1420-1492 ），意大利文藝復興時期畫家。

②這裏可能是指日本的一種主食"壽司"，也稱爲"鮨"或
　"鮓"，是將米飯用于捏成小團，然後在飯團上包上各種
　生魚片。包好的飯團一排排整齊地放在漆木盒裏或磁盤
　上。

③即湯。

④法文，即家庭式膳宿公寓。

20

符號禪意東洋風

筷子

5

　　在曼谷①的水上市場，每一位小販都坐在一隻一動不動的小木舟上，賣着數量極少的食品：穀粒、幾隻鷄蛋、香蕉、椰子、芒果、甜辣椒（且不說那些叫不出名字的東西）。從他自己到他那些商品，包括他的那隻小舟，每一件東西都**很小**。西方的食品常常堆得高高的，極力誇張聲勢，擺弄得很有氣派，這些食品總是顯得沉甸甸、氣昂昂，不僅數量多，而且很豐饒；而東方的食品則恰恰相反，往往趨向於細小瑣屑的物品：黃瓜的將來不在於它體積的增大或長得厚墩墩，而是在於它的分割，在於切成精細的小塊，正如這首俳句所講的那樣：

　　切成薄片的黃瓜

汁液流淌

拖住了蜘蛛的腿

小的東西和能吃的東西有一種趨同性：東西
小巧是爲了能夠吃，而東西的能吃是爲了實現它
們小巧的本質。東方人的食物與筷子之間的那種
和諧性不僅僅具有功能性、工具性；食物被切
碎，是爲了能夠被這兩根細木棍夾住，而筷子的
出現則是因爲食物被切成細小的碎塊；這同一種
活動，這同一種形式，超越於這種質料及其用具
之上，那就是分割。

筷子除了把食物從盤子中送到嘴裏（誠然，
這樣講很不恰當，因爲這也是手指和叉子的作
用），還有另外一些功用，這些功用是它們自身
所獨具的。首先，一隻筷子——正如它的形狀所
足以説明的那樣——有着一種指示功能：它指向
食物，指明要吃的那小塊東西，通過這種選擇的
動作使它獲得存在，這種選擇的動作具有一種引
得作用。因此，筷子不是按照一種機械性程
序——在這種程序中，人們只能受着限制去一點
一點地吃着那盤菜——去夾取，而是指明它所選
中的東西（因此是此時此地選中的**這個**而不是**那
個**），把一種隨意性、把某種程度的散漫而不是
一種秩序引入食物的攝取過程中來：不管怎麼説

rendez vous
yakuso ku

邂逅
yakuso ku

tous les deux
tutaritomo

兩者
tutaritomo

doko ni ?

何處？
doko ni ？

23

筷
子

quand ?
itsu ?

何時？
itsu ？

吧，總之是一種具有智慧的活動，而不再是機械性的操作。兩根筷子結合起來的另外一種功用，就是夾取菜肴的碎塊（不像我們用叉子那樣去刺）；**夾取**，這個詞太硬了一些，太有侵略性（這個詞對於那些狡黠的小姑娘、外科醫生、女裁縫、以及有着敏感氣質的人來說太不客氣了）；因為食物從未受到過任何一點比把它夾起來移動時用的力更大的壓力；筷子的姿態由於它自身的那種質料——木頭或漆——而變得更為輕柔，這裏面有着一種母性的氣質，這種準確、細緻、十分小心的動作正是用來抱孩子的那種細心勁兒；這種力量（就這個詞的操作意義而言）不再是一種推進力；從這裏，我們看到用餐方面的一整套動作；這從廚師所用的長筷子可以看得很清楚，這長筷子的用處不是用餐，而是準備食物：這種用具不用於扎、切、或是割，從不去傷害甚麼，只是去選取，翻動，移動。為了把食物分開，兩隻筷子（第三種功用）必須分離，叉開，合攏，而不是像我們的餐具那樣切割和刺扎；它們從不蹂躪食物：要麼把食物慢慢地挑開（例如對待青菜），要麼把食物分離開（例如對待魚、鰻等），因而重新發現質料本身所具有的天然縫隙（這樣，筷子就比刀子更接近於手指的

符號禪意東洋風

作用）。最後一項也許是筷子的最可愛的一種功用，它像兩隻手那樣交叉在一起運送食物，但與鉗子卻又不同，它們在米飯裏輕輕移動，然後把米飯團送到嘴裏，或是（用所有東方人的那種古老的動作）像一隻勺子那樣把白布丁從碗中送到唇邊。在所有這些功用中，在所有這些動作中，筷子都與我們的刀子（及其用於攫取食物的替代品——叉子）截然相反：筷子不用於切、扎、截、轉動（這都是很有限的動作，都是爲食物烹調做的準備工作：賣魚的人爲我們剝掉活鰻魚的皮，通過初步的獻祭，把食物屠宰完成）；由於使用筷子，食物不再成爲人們暴力之下的獵物（人們需要與肉食搏鬥一番），而是成爲和諧地被傳送的物質；它們把先前分開來的質料變成細小的食物，把米飯變成一種奶質物；它們具有一種母性，不倦地這樣一小口一小口地來回運送，這種攝食方式與我們那種食肉的攝食方式所配備的那些刀叉是截然不同的。

【譯注】

①曼谷（Bangkok），泰國首都，位於湄南河三角洲。市
區河道縱橫交錯，水上貿易甚盛。工商業頗發達。

沒有中心的菜肴

6

雞素燒（ sukiyaki ）①是一種炖肉，這種菜肴的每一種質料都能夠看得出來，因爲就在你面前的桌上做，吃的時候也沒有間斷。生肉（但已去皮，洗過，弄得光光溜溜，白花花的，鮮麗悅目，有如一件春裝，狄德羅②會說："**顏色，美感，觸感，外觀，和諧，味道，這裏要甚麼有甚麼。**"）被放在一起，擺在一個盤子裏，端上桌來；放在你面前的這些東西，帶着市場上貨物所特有的那種新鮮性，那種天然性，那種多樣性，甚至弄得整整齊齊，把簡單的質料轉變成有如事件一般：食慾的誘發附於這種複合物上，這種複合物是市場的產品，有着自然和商品的性質，可以爲大衆所享有：供食用的各種葉子、青菜、粉絲、方塊形的豆腐、生蛋黃、紅肉和白糖（這些東西奇異地組合在一起，由於都訴諸視覺，所以要麼是特別令人着迷，要麼是特別令人厭惡，這遠遠超越了中國菜的那種簡單的**甜或酸**，中國菜常常把東西做熟，而且看不見裏面的糖，除非搞成一道"漆狀的"菜時才能夠見到那種焦糖的光澤），所有這些組合在一起的生料，就像一張荷蘭畫那樣，保持着那種線條輪廓、那種剛中帶柔的畫風，以及色彩鮮麗的質感（很難說這是否就是東西的質料、場景的明亮、畫面上的油料、博物館的照明等因素促成的結果），然後逐一把它放到你面前的那個大鍋裏炖，顏色、形狀以及那種分離狀態統統消失，變得柔嫩，失去了自然形態，變成**紅棕色**，這是這種湯汁的主要顏色；這時，你就可以用筷子去挑選這些剛剛炖好的肉塊，隨後再把另外一些生肉放進鍋裏。這個製作過程由一位助手主持，他在你身後，手裏拿着長長的筷子，一會兒往鍋裏放肉，一會兒與你交談：這是你通過眼睛經歷的一整個小型的菜肴之旅，你似乎來到茹毛飲血的原始洪荒年代。

我們知道，這種生食是日本菜的保護神：所有的東西都獻身於這個神，如果說日本烹飪總是在就餐者面前操作（這是這種菜的一個主要特點），那麼這可能是因爲讓人們尊敬的那些東西當衆捐軀的做法很重要。這些受人尊敬的東西，在法文裏譯作 crudité，即生食物（説來奇怪，我們用這個詞的單數來表明語言的性，用複數來表示我們的菜肴中那些外在的、反常的、帶有一些禁忌因素的部分），在我們看來顯然不是這種食物的一種内在本質，我們吃這種血淋淋的食物（血是力量和死亡的象徵），從中直接吸收生命的能量（在我們看來，生的東西是食物的一種**強有力的形態**，就像我們給牛排放上有刺激性的調味佐料所達到的那種效果）。從根本上説來，日本的生食物具有視覺性，是肉食或蔬菜某種色彩感的表徵（這使人們覺得，色彩的變化不是色調的輕重所能窮盡的，但色彩關涉到質料的全部觸感，因此，生魚片顯示出來的色彩不如它所產生的阻抗力強：它使生魚片產生多種變化，使它從盤子的一端到另一端經歷了種種狀態——潤濕的，纖維狀的，有彈性的，緊密的，粗糙的，滑溜溜的）。食物全然通過視覺向我們呈現（從構思、安排到操作，都考慮到視覺性，甚至考慮到畫家的那種視覺感），從而表現了它並無**深層的含義**：吃的物質沒有一顆寶貴的心，沒有一種隱藏着的力，沒有一種重要的秘密。日本菜都沒有

Où commence l'écriture ?
Où commence la peinture ?

書寫在哪裏開始？

圖畫在哪裏開始？

一個**中心**（西方的攝食習慣含有這樣一種食物的中心性，它是由食品的安排、食物的陪襯和覆蓋而構成的）；在這裏，每一樣食品都是對另一種裝飾物的裝飾：首先，由於在餐桌上，在盤子裏，食物只不過是一種零碎部分的組合，根本表現不出來哪一部分先吃，哪一部分後吃這樣一種主次之別；就餐時並不重視菜單（一本菜肴指南），而是用筷子輕輕去接觸，去挑選，有時吃這種顏色的菜，有時吃那種顏色的菜，這要靠一種靈感來支配，這種靈感會悠緩地伴隨着那種超脫的、間接的交談（這種交談本身可以是極其沉默無言的）而產生；由於這種菜──這是它的獨創性──同時將它的製作和它的食用結合在一起，例如鷄素燒這道菜，可以沒完沒了地做，又可以沒完沒了地吃，於是人們可以稱之爲"交談"，這並不是由於技術上的甚麼困難，而是由於，就其自身的性質來說，在烹飪過程中它自身是要消耗的，所以就產生**重述自己**，鷄素燒在這方面表現得並不突出，只是在開始的時候表現得還比較明顯（那隻由食物組成畫面的盤子送到桌上）；一旦"開始"動筷子，就時過境遷，也失去了明確的位置，它變得沒有中心，就像一篇連綿不斷的本文。

le rendez-vous

ici   *ce soir*
koko ni   *Komban*

aujourd'hui   *à quelle heure ?*
Kyo   *nan ji ni ?*

demain   *quatre heures*
ashata   *yo ji*

符號禪意東洋風

相會

這裏   今晚

koko ni   komban

今日   甚麼時間？

kyo   nan ji ni ？

明天   四點鐘

ashata   yo ji

【譯注】

①雞素燒,即素燒牛肉,這是一種日本菜(但據説是在三百多年前由外地傳入日本的)。就餐的人盤腿坐在和式房間裏,桌子當中有方形洞,洞内有瓦斯嘴,點燃瓦斯,放上平底鍋或銅鍋,鍋内放上佐料湯,滾沸後放進切得很薄的牛肉,再放進葱段、白菜、芹菜、豆腐塊和粉絲等一起炖。炖時可放入適量的醬油、砂糖。吃的時候,在碗裏磕進一隻雞蛋攪散,把牛肉和菜盛入碗裏,掛滿蛋液吃。這樣既可以使菜不燙,又可使牛肉很滑。可以邊吃邊盛。

②狄德羅(Denis Diderot, 1713-1784),法國啟蒙思想家、唯物主義哲學家、無神論者、文學家。主要著作有《對自然的解釋》(*Pensées sur l'interprétation de la nature*)、《達蘭貝爾和狄德羅的談話》(*L'Entretien entre d'Alembert et Diderot*)等。

沒有中心的菜肴

空洞

7

廚師（他根本不燒菜）捉過一條活鰻魚，用一根長針扎進鰻魚頭部，然後再刮和剝皮。這種帶有一點殘酷意味的景象，進行得又快又濕淋淋（倒不那麼血淋淋），最後弄成**花紋狀**。鰻魚（或是蔬菜，貝類海產）像薩爾茨堡（Salzbourg）①分店的那種做法，裹上一層油，弄成中空而且有孔的小塊，這樣，這種食物便進入一種帶有悖論意味的境界中：這是一個純粹中空的東西，這種空隙是爲了提供營養品而製作出來的，反倒更能激發人的食慾（有時這種食物也弄成一個圓球形，像是充滿着空氣的小氣團）。

天麩羅（Tempura）②這種菜把我們傳統上給與煎炸食品的意義一掃而

光，我們總是認為煎炸食品是沉甸甸的。而在日本，麵粉像散花那樣把所要炸的東西裹起來，這種麵粉和得很稀，形成牛奶狀而不是膏狀；然後經過油炸，這種金黃色的牛奶狀粉糊很鬆脆，稀稀疏疏地裹在食物上，這裏露出一段粉紅色的蝦皮，那裏露出一抹綠色的胡椒，又露出一塊棕色的茄子，因此，和我們製作油煎餅時的那種油炸方式完全不同，我們的油煎餅有着一層外殼，把裏面的餡兒包得嚴嚴實實。這油（我們所談論的那種帶有母性質料的油質，**就是這種油乎乎的東西嗎？**）馬上就會浸透你吃天麩羅時使用的紙餐巾，這種油淡淡的，與地中海和近東地區食物和糕點上塗抹的那種黃油完全不同；它沒有我們那種用油或脂肪──油用不着燒到高熱的程度──製成的食品所帶有的那種明顯的矛盾；這種冷卻了的熟油製成的食品在這裏被那種似乎與一切煎炸食品格格不入的性質所取代，那就是新鮮性。裹着麵粉糊的天麩羅給人一種新鮮感，還有着最柔韌和最鬆脆的食品──魚和蔬菜──的那種特殊風味；這種新鮮性，既有着完整的東西所具有的那種新鮮感，又有着令人耳目一新的東西的那種新鮮勁兒；這種新鮮性的確是在於那種油的新鮮。天麩羅餐館是按照它們所使用的那種油的新鮮程度來劃分級別的：最昂貴的餐館使用的是新油，這種油最後賣給較不講究氣派的餐館；就餐者花錢買的不是這種食物，甚至也不是這種食物的那種新鮮性（而且很少在於餐館的地界或是服務方面的因素），而是這種烹飪本身的純潔性。

有的時候，一份天麩羅要有幾道工序：這種油炸食品的外層圍繞着（這個詞比“裏”好）一層胡椒，裏層則是食物本身；這裏，重要的是，這種食物被做成一份份，一塊塊（這是日本烹飪物的基本形狀，裏面摻的是甚麼——在調味汁裏，在奶油裏，在硬外殼裏——誰也不知道），事先已經配製好了，而且特別是經過了那種像水一樣流動、像油脂一樣黏稠的質料的浸泡，從這種浸泡中取出來，就成爲一塊完整的、分離開的、可指名的、整個透着孔的食品了；但是那種外形很輕巧，乃至使它成爲一種抽象物：就這種食品的外皮而論，它所擁有的只是時間，是這種時間（它本身極爲薄弱）使它凝結變硬。據說天麩羅源於一種基督教的（葡萄牙的）菜餚，它是基督教大齋期③的食品；但是經過日本人的一番刪繁就簡的工藝處理，達到精美地步，成爲另一個時代的營養食品：它不是一種禁食和贖罪的禮俗，而是一種沉思冥想的禮儀，它在觀賞方面跟在吃的方面佔有同等地位（因爲天麩羅是在你面前現做的），再也沒有比這更好的東西了（這也許是由於我們那種陳俗老套的原因），我們圍着它挑選那輕如氣體的、轉眼間就炸好的、鬆脆、透明、鮮嫩、小巧的食品，但是它的真實名稱應當是沒有特殊邊緣的**空洞之物**，或者説是：空洞的符號。

其實，我們還是應當回到那位在魚和花椒上弄出花紋的青年藝術家身上。如果他**在我們面前**爲我們做菜，一會兒這種姿態，一會兒那種姿態，一會兒在這兒，一會兒在那兒，把鰻魚從魚池捉來放到白紙上，最後使它在這張紙上變得全是孔洞，這不（僅僅）是爲了使我們親眼看一看他的烹飪手藝之精湛，達到了爐火純青的地步，而是因爲他的動作簡直就是在揮筆書寫：他把這食物寫在它自身的質料上；他的菜板安排得就像是一位書法家的寫字枱；他玩弄那些質料猶如書畫藝術家在走筆揮灑（假如他是日本人，就更是如此），不時地運用着盆盆罐罐，各種毛筆、硯臺、水、紙；這樣，在餐館的嘈雜聲和高聲叫菜的喧囂聲中，他安排得井井有條，相當出色，這不是時間的安排，而是各種時態的安排（那是天麩羅的語法的諸種時態），他使全部操作過程都顯示在人們眼前，他所做的這種食品不是作爲一種完成了的商品來看待的，那種商品只有做到完滿的境界才會具有價值（就像我們的菜肴那樣），而是作爲一種創作來看待的，因爲它的意義不是一成不變的，而是不斷發展的，可以這樣說，當這種創作結束的時候，它就枯竭了：是你在吃，但是，是他做的，是他寫的，是他創造出來的。

【譯注】

①薩爾茨堡，奧地利西北部城市。音樂家莫扎特（ Mozart ）的誕生地。

②天麩羅，日本的一種名菜（是在16世紀至17世紀期間由葡萄牙商人傳入日本的），即油炸大對蝦，但也炸魚和蔬菜。先把蝦、魚或蔬菜等裹上麵糊（有時和着鷄蛋），放到豆油或香油裏炸。外酥裏嫩，鮮香可口。在講究的餐館裏，服務員會把洗乾淨的對蝦端到席上，擺好瓦斯灶，放上油鍋，當着客人面，將蝦裹上麵糊或鷄蛋，放在鍋裏炸，可以邊炸邊吃。

③大齋期，即基督教的四旬齋，在復活節前的40天，亦稱"禁食"。這是基督教虔修方式之一。於規定日期內，一天只一頓飯吃飽，其餘僅吃半飽或更少。

8

彈球機是吃角子式機器。在櫃枱
上，你可以買一小把看上去像滾珠之類
的東西，然後站到機器前面（那是一種
垂直的操縱臺），用一隻手把球一個一
個塞進一個孔洞裏，同時另一隻手轉動
一隻鰭形葉片，你就可以把球推過一個
又一個障板；如果你一開始的投入恰如
其份（用力既不太强也不太弱），那
麼，那個被推動的球就給你放出很多
球，這些球像雨點似地落到你的手裏，
如果你不想用你贏的那些球換一種不倫
不類的獎品的話（一根棍糖，一個橘
子，一包香煙），你就可以重新開始再
投。彈球戲營業室多如牛毛，而且總是
顧客盈門（青年人、女人、穿黑色外衣
的學生、穿著上班套裝的中年男子）。

據說那種彈球戲的營業額竟與日本的全部百貨商店的營業額平分秋色（甚至還要高出一籌），這話肯定有些過頭。

彈球戲是一種既可以集體玩又可以個人玩的遊戲。遊戲機排列成一長排，每個人站在自己的臺子前面玩自己的，用不着東張西望地看旁邊的人，儘管他的胳膊肘擦着旁邊的人。在這裏，你只能聽見小球颼颼地穿過孔道的聲音（投入時的那種速度是極快的）；營業廳是一個熱鬧的場所或是一個工廠，來玩彈球戲的人看上去像是在一個流水線上工作似的。這個場面的重要意義就是一種費腦子的、引人入勝的工作的那種意義；絲毫沒有那種懶散的、漫不經心的、或是嘻嘻哈哈的態度，一點也沒有我們西方遊戲者那種誇張的滿不在乎的勁頭，那些西方人懶洋洋地一羣一伙地團聚在一架彈球遊戲機周圍，很懂得向咖啡館的其他顧客擺出那麼一副行家高手和有自知之明的神靈的神態。至於遊戲藝術和技巧，也和我們的遊戲機的那種技藝大相逕庭。對西方遊戲者來說，一旦球被推出去，主要的事就是當它出差錯時糾正它的運行軌道（用肘輕輕推一下機器）；而對日本遊戲者來說，一切都取決於第一次推擲，一切都取決於大拇指給鰭狀葉片施加的力；

機敏性具有直接的、決定性的作用，只有這種機敏性才能夠用來說明遊戲者的才能，他只能預先、並且只能以一次性動作來把握好那次機會；說得更準確些，球的運行充其量只是受遊戲者那隻手的巧妙控制或阻止（但不是全然受其支配），遊戲者用一次性動作使球運動，並加以觀察，因此，這隻手乃是藝術家的手（以日本人那種方式），在他看來，這種（書寫的）特點乃是一個"受控制的偶然事件"。簡而言之，彈球戲在機器的層面上，準確地再現了繪畫上的一揮而就的（ alla prima ）①原則，這種原則堅持線條是一筆畫成的，一下子完成，不可更易，並且認爲，由於紙和墨的那種特質，這種線條不可更改；與此相同，球一旦被推出去，就不能再使它偏離運行軌道了（搖晃遊戲機是徹頭徹尾的粗魯表現，正如我們西方人在遊戲中的所作所爲那樣）：球的道路在它的原動力發作的那一瞬間就已經決定了。

這種藝術的用處何在呢？那就是構成一個滋養生命的線路。西方遊戲機是穿透性的一種象徵：其關鍵點在於以一種調好方位的猛力一戳，佔有那貼在遊戲機操縱臺上燈光照亮的女郎，這位像中的女郎魅力十足，在等待着你呢。在日本彈球戲中，沒有性的意味（在日本——在那個我稱之爲日本的國度——性行爲就存在於性之中，不在別處；在美國則相反，到處都是性，就是在性行爲中沒有性）。這些遊戲機是馬槽，排成一行行的；遊戲者以那種猝然一擊的姿態，以極快的速度一次次地發射，似乎在毫不間斷地把金屬彈子投到遊戲機中去；他像餵一隻鵝那樣把彈子塞進去；有時機器裝得滿滿的，便像腹瀉那樣把那些彈子退出來；只要有幾日元，就活像滿身都是錢似的。在這裏，我們瞭解到這種遊戲的那種嚴肅性，這種遊戲與用錢上的那種小氣吝嗇和資產者在財富上的那種精打細算恰恰背道而馳，遊戲者突然之間銀球滿手，不久又意氣昂揚、大手大腳地揮霍淨盡。

【譯注】

①alla prima，意大利文，繪畫術語。指那種直接畫法，或一次完成的繪畫。其字面意思是"一次性"、"揮筆立成"（at once）。這很像中國繪畫、書法中那種揮筆而成、不事修改的風格。

9

市中心，空洞的中心

據說四邊形的、格網狀的城市（例如洛杉磯）使人產生一種深深的不安寧感：這種城市使我們對城市產生的那種聯覺①情感受到了傷害，我們所想望的那種城市需要任何市區空間都有一個中心好走、好回，它應該是一個完整的場所，讓人想像着從那裏出發或是退回；簡而言之，讓人創造自己。由於許多原因（歷史的，經濟的，宗教的，軍事的），西方唯獨對這種規律瞭解極透：它所有的城市都具有中心性；而且，與西方玄學運動相一致，每一個中心都是真理的場所，我們的城市的中心常常是**滿滿的**：一個顯眼的地方，文明社會的價值觀念在這裏集合和凝聚：精神性（教堂），力量（官署），金錢（銀

La Ville est
un idéogramme:
le Texte
continue.

城市是表意符號：

本文在延續

行），商品（百貨商店），語言（古希臘式的大集市：咖啡廳和供人散步的場地）：去鬧市區或是到市中心，就是去邂逅社會的"真理"，就是投身到"現實"的那種令人自豪的豐富性中。

我現在要談的這個城市（東京）提供出這個寶貴的悖論：它確實擁有一個中心，但這個中心卻是空的。整個城市把一個既是禁城又是無人關心的場所圍在中間，這個住所被樹葉掩藏着，由護城河保護着，人們無法見到的一位天皇住在這裏面，也就是説，一個誰也不認識的人住在這裏面。每天，出租汽車都避開這個圓形領地，在高速的子彈一般的車道上奔馳，這個圓形領地的低低的屋脊是不可見之物的可見的外形，它隱藏着那個神聖的"空無"。兩個最強有力的現代城市中的一個，就是這樣圍繞着那個由圍牆、河溝、屋頂、樹木構成的、密不透風的環形領地而建造起來，這個環形領地自身的中心不過是一個空洞的概念而已，它的存在，不是爲了炫耀權力，而是爲了以它那種中心的空洞性來支持那整個的城市運動，迫使車輛交通永遠要繞道而行。由此可知，這些想象出來的事物以回環成圈的方式展現，繞着空洞的中心迂迴兜轉，循環往返。

【譯注】

①聯覺，亦可譯爲通感，指人的各種感覺官能交相產生影響作用和渾融一體的奇妙功能。

10

這個城市的街道沒有名稱。當然，
那裏有一種書寫地址，但那只具有一種
郵政價值，它屬於一種平面圖（由街區
和樓羣構成，但決不是一種幾何圖
形），箇中知識只有郵遞員才知道，參
觀者一竅不通。世界上這個最大的城市
實際上是無類可歸的，組成這個城市細
部的那些空間都沒有名字。這種不標明
住宅的做法似乎使那些習慣於堅持"最
實際的常常是最合理的"這種看法的人
（像我們）感到不方便（根據那種原
則，最佳的城市規劃就是那種以數字號
碼排列的街道，例如像美國的城市，再
如京都①——一個中國式的城市）。東
京還使我們想到，合乎理性只是衆多系
統中的一個系統。由於那裏將會把握住

真實的東西（在這種情況下，是指地址的真實），所以有一個系統也就足够了，哪怕這個系統顯然是不合邏輯的，複雜得毫無用處，莫名奇妙地毫無關係：我們都知道，好的 bricolage ②不僅能够**使用**很長的時間，而且還能够進而使上百萬已經適應了技術文明所有優點的居民感到滿意。

這種不標街道名字的做法由若干種權宜手段（至少這是他們看待我們的方式）而得到補救，這些權宜手段結合在一起，形成一個系統。人們可以從一張（寫的或是印的）方位圖上找到地址，那張圖是一種地理位置一覽表，它把居住地點用一種為人熟知的界標標示出來，例如一個火車站。（居民都擅於即興畫出這樣一些表示地理位置的草圖，在我們看起來，那就像是速寫，在一小片紙頭上，畫出一條街，一座公寓房，一條河，一條鐵路線，一家商店的標誌，互述地址變成一種微妙的交流，身體的一種生命、文字姿態的一種藝術重又出現在這種交流裏：看人書寫，總是讓人感到愜意，看人畫畫就更是如此；每當有人以這種方式為我留地址時，我就記住這位交談者那種姿態，他把鉛筆倒轉過來，用另一頭的橡皮來擦去筆下多畫的那條街道的彎曲筆道，擦

地址速記

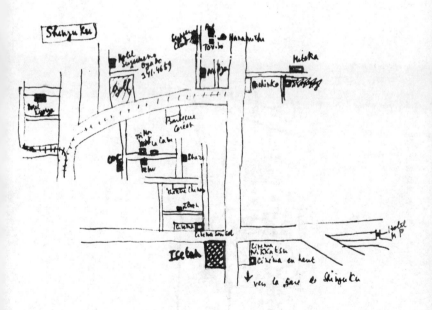

去高架橋交匯點的多餘線條，雖然橡皮這東西與日本的書寫傳統背道而馳，但這種姿態依然產生出一種平和的東西，一種親切而又確定的東西，似乎即使在這種平平無奇的舉動中，身體"在勞動時也比心靈有着更多的保留"，這是演員世阿彌③的格言。這種製作地址的方法遠遠地勝過地址本身，而且，令人爲之醉心，我本來就希望別

符號禪意東洋風

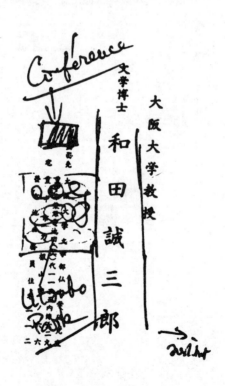

人花幾小時來給我留個地址的。）假如你已經知道你要到的那個地方，你還可以親自指揮你的出租汽車司機，一條街一條街地對他耳提面命。最後，你可以借助於街上幾乎每一家商店前面都有的那些大紅電話，讓那位司機完全聽命於一位遠方來的觀光者的指揮，去你要去的那個朋友家。所有這一切，都使這種視覺經驗成爲一種確定你的方位的決定性因素。對那個叢林或樹林所作的一種平庸十足的描述，拿來用在一個主要的現代城市上，則很難說是平庸了，人們對這個城市的瞭解常常通過地圖、指南、電話簿來獲得，簡而言之，是通過印刷文化而不是通過姿態的表演來獲得。這裏的情況恰恰相反，住所不是通過抽象

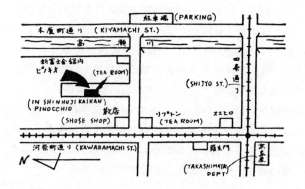

性的東西來表現；除了那種地理概覽外，這只是一種純粹的偶然：出於事實而遠不是出於合法性，它不再堅持把一個本體同一種特性聯結在一起。這個城市只能通過一種人種學的實踐活動來瞭解：你身在其中，必須確定自己的位置，位置不是通過書本、地址確定的，而是通過走路、觀看、習慣、經驗確定的；這裏，每一種發現都是緊密的、脆弱的，它只能通過你對它給你留下的痕迹的回憶來重現或重新發現；因此，第一次參觀一個地方，就是開始書寫它；地址沒有被書寫下來，它必須建立起自己的書寫。

符號禪意東洋風

【譯注】

①京都，古稱平安京，是日本古都之一，仿隋唐都城建成，街道方方正正，猶如棋盤。城市建築的佈局分爲左京（仿中國洛陽城）、右京（仿中國長安城）。

②法文，原意爲"幹零活"；利用手頭現有的東西修修弄弄，或利用手頭現有的東西製成的物品。這裏指在原有的城市佈局基礎上略加修改和擴建的城市結構。

③世阿彌（1363-1443），日本室町時代的戲劇家。原名結崎三郎元清，世阿彌是他的藝名。他不僅是優秀的能劇演員，而且是出色的能劇作家。流傳至今的多齣稱爲謠曲的腳本，據說半數以上是他的作品。

Le rendez-vous

peut-être
tabun

fatigué
tsukareta

impossible
de ki nai

je veux dormir
netai

邂逅

也許
tabun

疲倦
tsukareta

不可能
deki nai

我想睡覺
netai

車站

11

在這個大城市（實在是一個市區範圍）裏，每個街區的名字都清清楚楚地標在那張相當空洞的地圖（沒有標出街道名字）上，就像是一張新聞圖片；它強烈地帶有普魯斯特①的影子，表現出他在其地名表中所探索的那種風格。如果說居民區的範圍是如此的狹小，很密集，滿滿的，被它的名字佔有的空間所圍限，這是因為它有一個中心，但這個中心在精神上卻是一片空白：它不外是一個車站。

車站是個很大的有機體，它容納着巨大的火車，有市區列車，有地下列車，有百貨商店，還有一整套地下商業網②——車站給這個地區這樣一個標誌，依照某些都市規劃專家的看法，這個標誌能够使這個城市得到標明，能够讓人閱讀。日本的車站有上千條功能性軌道和渠道——從旅行到購物，從服裝到食品——交錯在一起：一趟列車能够通往一家鞋店。這個車站用於商業，用於中轉，用於啟身，可是卻保留着一個獨一無二的結構，這個車站（再説，這個嶄新的綜合體應當不應當稱作是車站呢？）沒有那種神聖特徵，而這種神聖特徵通常是我們西方城市的主要標誌：教堂，市政廳，歷史遺迹。在這裏，這種標誌毫無詩意可言；毫無疑問，市場也是西方城市的一個中心場所；但是在東京，就某種意義來説，商品被車站的那種不穩定性毀了：接連不斷的離別破壞了它那種中心性；人們可能會説，這只是包裝用的那種準備性物品，而且這種包裝本身只是通行證，只是允許離開的票證而已。

這樣一來，每個街區都集結於它的車站的那個洞中，它是百川匯流之點，展示着諸般世態，其中有喜有怒，亦歌亦泣。今天，我決定到一個住宅區或是另一個住宅區，漫無目標，只有對它的名字的一種延長了的感知過程。我知道，在上野③，我會看到一個車站的地面上滿是年青的滑雪者，但是車站的地下大廳，像一座城市那樣寬廣，食品店、酒吧一家家排成一條線，遊民、旅遊者在這些骯髒的走廊裏睡覺、聊天、用餐，最後實現了**這個底層**的新奇本質。又有一天，我去附近的另一個住宅區：在淺草④的商業街（沒有汽車），在街口，由紙櫻花做成一個圓形拱門，這些商業街出售新牌號的衣服，既舒適又便宜：重重的皮夾克（沒有毛病），邊上有一圈黑毛的手套，很長很長的毛圍巾，人們把它披在肩上，就像農村的孩子從學校中歸來時那副樣子，皮帽子，工人——他們必須穿得暖暖和和——穿的那些閃閃發光的毛質的工作服，還有用來煮麵條湯的那種十分愜意的大蒸汽盆。而在皇城圈（這是空的，像我們前面說過的那樣）的另一邊，也是另外一個人口稠密的居民區：池袋⑤；那裏有或粗野或友好的工人和農民，像是一隻大雜種狗。所有這些街區都產生各個不同的種族，不同的身體，每個時代都出現一種新的友好關係。橫穿這座城市（或是向地下走，因為那裏有着酒吧和商店構成的完整的網絡，你有時可以通過一條小小的入口通道走進任何一家酒吧或是商店，所以，一旦你走進這扇窄窄的門，你就會發現那裏既擁擠又奢華，那是商業和快樂的黑色印度），就是從日本的頂端向底端旅行，就是把對它那些面容的書寫挪到它的地理位置上。因此，每個名字都

這些相撲手構成一個階級；他們離羣而居，留着長
髮，吃儀規下的食物。比賽僅是瞬間的事：只要讓
對手倒下，就結束了賽事。沒有危險，沒有戲劇
性，沒有大量消耗，總之，根本不是運動：不是爭
鬥的亢進，而是某種體重的符號。

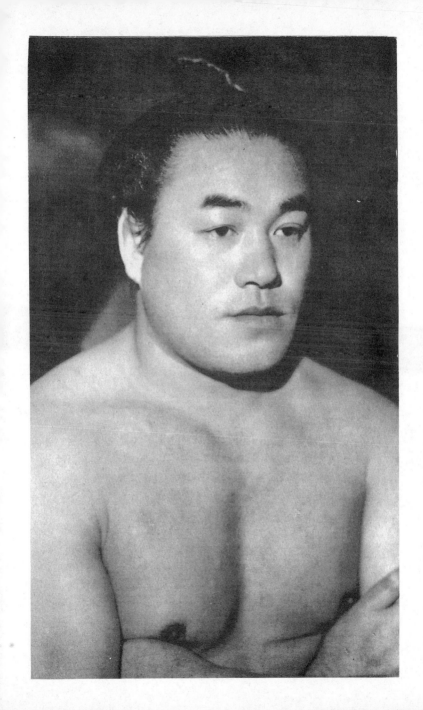

有回聲，都會喚起人們一種農村的意念，那裏的居民每一個人都像是一個部族的人，他們那個巨大的城市將會是一個叢林。這個地方的聲音乃是歷史之聲；因爲這裏所標明的名字不是一種回憶，而是一種幻覺的追思，似乎整個上野，整個淺草，都從這首古老的俳句（出自十七世紀的芭蕉⑥筆下）裏湧到我心中：

> 櫻花盛開如雲：
>
> 鐘聲。——上野的？
>
> 淺草的？

【譯注】

①普魯斯特（ Marcel Proust, 1871-1922 ），法國大小說家。代表作爲長篇“意識流”小說《往事追憶錄》（ À la recherche du temps perdu ），凡七卷，主要反映法國貴族沙龍的生活，對現代歐美文學影響很大。

②東京地鐵車站與地下商業街相通。

③上野，在東京都台東區。

④淺草，在東京都台東區，是東京最具有日本民族風味和傳統古典色彩的地區，有着江戶時代（ 1603-1867 ）濃郁的古色古香氣息。

⑤池袋，在東京都豐島區。

⑥芭蕉（ 1644-1694 ）：即松尾芭蕉。日本江戶時代著名詩

人，原名宗房。少年時曾爲武士家中侍從，並隨北村季吟（1629-1705）學寫俳句。後流浪各地，曾隱居深川的芭蕉庵。他的詩歌創作文筆清淡，獨具一格，對日本詩壇影響極大。

12

花束、物品、樹木、臉孔、花園，以及本文，如果說日本的這些東西和風習在我們看來似乎都很小（我們的神話學崇尚大的、廣闊的、寬廣的、開敞的東西），那麼這並不在於它們的尺寸，而是因為每一件物品、每一個姿態、乃至最自由、最活動的東西，似乎都是**有框子**的。小型繪畫不是來自維度，而是來自一種精確性，東西按照這種精確度來限定自己的大小，使這種製作停止和完成。這種精確性並沒有任何特別的合理性或是寓意性：一件東西在一種清教徒式的風格中（潔淨、坦率、或是客觀性）並不是**明確的**，毋寧說帶有一種幻覺的或空想的性質（用波德萊爾①的話來說，與大麻之類麻醉品所產生的那種

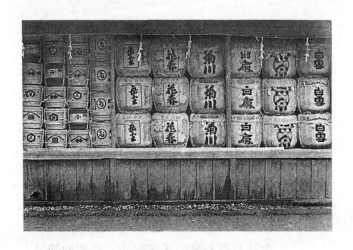

幻像很相似），或者說帶有一種被切割的痕迹，
那就是使豐富的意義離開物品，並且與物品本身
一刀兩斷，與它在世界上的位置一刀兩斷，**完全
背離**了它。然而，這種框子是看不見的：日本的
東西沒有輪廓線，沒有彩飾；它的外形沒有一種
堅挺的輪廓，不是"充滿"色彩、暗影、紋理的那
麼一種圖畫；在它四周，**空無一物**，只有一個使
它粗糙無光的空洞的空間（因此，從我們眼裏
看，它是小的，縮小了的）。

　　看上去似乎這件東西既出乎意外又在料想之
中地把它常常棲身的那個空間毀掉了。例如：房
間保持着某些寫好的界限，這些界限是地板上的
蓆子，平板的窗子，貼着竹紙（純粹是表面樣

子）的牆壁，這樣一來，就看不出滑動的門在甚麼地方；在這裏，每一件東西都是**線條**，似乎房間是用毛筆一揮而寫成的。然而，由於第二道工序的安排，這種嚴格性反過來又受到了挫折：各個部分都是脆弱的，易碎的，牆壁可以滑動，陳設物可以眨眼之間被搬走，因此，你就能在這個日本人的房間裏又一次發現那種"幻想性"（最顯著的是裝飾物），正是由於這種"幻想性"，每一個日本人才能破壞那種環境的遵從性，根本用不着費甚麼事或是創作出戲劇來破壞它。再説，日本人的一種插化②，"安排得嚴格不苟"（用西方美學家的語言來説），這種組合的種種象徵性意圖都在每一本日本導遊和每一本論及插花藝術的書裏得到介紹，它所創造出來的是空氣的流通，這裏，鮮花、葉子、花枝（這些詞的植物學意味太强了）只不過是牆壁、走廊、擋板，人們以一種關於**稀少**的意念，精妙地把它們畫出來，而在我們這裏，卻把這種意念同自然割裂開來，似乎只有豐饒才能够**證明**是自然的。日本的花束有着一種體積；那是一件不知名的傑作，就像巴爾扎克③筆下那位名叫弗蘭荷弗爾（ Frenhofer ）的主人公所夢想的那種東西，他希望觀看者能够走到畫中人物的背後去；你可以把身子移到花枝中間的空隙處，移到它跟前，不是爲了閱讀它（閱讀它的象徵性），而是爲了追踪寫出這束花的那隻手的痕迹：它是一件真實的書寫品，因爲它創造出一個體積，因爲它爲了不讓我們的閱讀成爲對一種信息（不管它有多麼崇高的象徵性）所做的那種簡單的解碼活動，允許這種閱讀去重複那種書寫勞作的過程。特別是最後這一點；甚至用不着把這套著名的日本盒子——一個盒子套在另一個盒子裏，直至於空無——看作是有象徵性意義的，你就可以從這種純粹日本式的包裝中看出一種真實的語義學的沉思。人們精心地運用那種製作技巧，運用卡紙板、木頭、紙張、絲帶的相互作用，一絲不苟地在上面畫出幾何圖形，可是常常在某處畫成一種不對稱的結狀突起；這不再是那個將要運走的物品的一種暫時的陪襯品，它本身就成爲一件物品；外皮本身是作爲一件珍貴的、但卻免費的東西來贈送的；這種包裝是一種思想；因此在一本帶有隱晦色情性質的雜誌上，一個日本裸體男孩的形象，被包裹得非常巧妙，像是一根香腸；那種性虐待狂含義（其誇耀性遠比實際所達到的效果強）很自然地——或者説是有反諷意味地——被吸收到實際製作中，那不是一種被動性的製作，而是一種極端的藝術創作，即包裝藝術，捆扎的藝術……

可是，由於製作非常完美，這種外皮常常重複製作（你可以沒完没了地打開包裝），這種外皮推遲了人們對裏面裝的那件物品的發現，裏面裝的東西常常是無關緊要的，這恰恰是日本包裝的一個特點，即裏面的東西小小不言，它與外皮的那種豪華不成比例：一塊糖，一小塊糖豆糕，一件普普通通的"紀念品"（不幸的是，日本人竟那麼精於製作這種東西），像一件珍寶那樣顯赫耀眼地包裝在裏面。這樣一來，禮品似乎就是那個盒子，而不是它裏面裝着的物品。成羣的中小學生外出遊玩時，給他們的父母帶回一件包裝華麗的東西，裏面裝的是甚麼，誰也不知道，似乎他們離家走得很遠，這種機會使他們能够成羣結隊地享受一下這種包裝給人的那種狂喜心情。因此，盒子就具有這種符號作用：作爲外皮、遮蔽物、面具，它和裏面藏着的、保護着的、指示的東西價值相當；它從兩重意義的角度，即金錢的與心理的，**使人上當**，用法語來説，就是 donner le change；但是它所裝的、所表示的那件東西直到後來在很長一段時間裏一直被人忽略了，似乎這種包裝的功用不是用來作空間上的保護，而是用來作時間上的推延；似乎這種工藝勞動（製作）的發明，就在這種外皮上，但是因此裏面裝的那件物品卻失去了它存在的意義，變成一種虛無縹緲的東西：從外皮到外皮，那個受指內容④逃逸了，而且當你最後得到它的時候（這種包裝裏面常常有一件小小的東西），它看上去小小不言，教人忍俊不禁，毫無價值；快樂——施指符號的領地——被得到了；包裝並不是空洞的，而是被弄空了；見到這種包裝裏面的那件物品或是見到以這種符號表示的受指內容，就是拋棄這件物品或受指內容；日本人用螞蟻似的力氣所搬運的，實際上是空空洞洞的符號。因為在日本，有着很多我們稱之為運輸工具的東西；這種東西各種各樣，五花八門，甚麼質料的都有：包裝、袋子、麻袋、旅行袋、亞蔴包裝袋（農民使用的一種手巾或頭巾，用它來包裹東西），街上的每個市民都有一種包，那是一個空洞的符號，用於保護和運輸，很是得力，似乎那種優美、那種造型、那種幻覺性的輪廓線——它建立起日本人的那種物品——使它注定成為一件普及性的運輸物。物事的豐富性以及意義的深刻性，只能以一切人工製作出來的東西所具有的三重性質——即它們是簡潔的、活動的、空洞的——為代價而得到流瀉。

【譯注】

①波德萊爾（ Charles Baudelaire, 1821-1867 ），法國象
徵派詩人。代表作是詩集《惡之華》（ Les Fleurs du
mal ），詩中歌詠死亡，描寫病態心理，充滿悲觀厭世
情緒。

②插花，亦稱花道或華道，即把剪下的樹枝或花草經過藝
術加工，放入器皿中，使之絢麗悅目的一種觀賞藝術。
因爲是用活的、新鮮的樹枝或花草加工，加工後放上清
水可保留幾天，故又稱"生花"。插花藝術有悠久歷史，
最早起源於中國佛教的供花，即佛前供花。後演變爲供
人鑒賞的插花藝術，到15世紀末出現花道的專門藝術
家。插花因加工藝術不同而形成各種不同流派，可分兩
大類，即盆插和瓶插，不同處只在於所用器皿，但均追
求花的造型，即"花型"（直立型、傾斜型、下垂型、對
稱型、並列型等）。花的材料有兩大類，即木本花或枝
與草本花或枝。經過剪裁和加工，充分發揮其自然美。
這門藝術有三大要素：色彩、形態、質感。色彩，由明
度、色調、飽和度組成。色有冷暖、明暗、彩與無彩之
分。形態，有位置性、方向性、運動性，構成一種平
衡，產生美感。質感指花的材料的氣質、精神。

③巴爾扎克（ Honoré de Balzac, 1799-1850 ），法國現實
主義小說家。主要作品包括《歐也妮·葛朗台》
（ Eugénie Grandet ）、《高老頭》（ Le Père
Goriot ）、《貝姨》（ La Cousine Bette ）、《邦斯舅舅》
（ Le Cousin Pons ）等。

④signifié，亦有人譯爲"所指"。

13

日本木偶戲（ Bunraku ）中的木偶有三至五英尺高。它們有男有女，全是小矮人，有着能活動的手、腳和嘴巴；每個木偶都由身邊的三個看得見的人圍着、扶着、陪着；領頭的那位操縱者負責木偶的上身和右臂；這個領頭人的臉是顯而易見的，光滑的，明亮的，冷漠無表情，冰冷得就像"剛剛洗淨的白葱頭"（芭蕉語）；兩位助手身穿黑色衣服，用一塊布把臉遮蓋起來；一個人戴着手套，但卻露着大拇指，他手握一把大剪刀，用它移動着木偶的左臂和手；另一個人低着身子，扶着木偶的身體，並且負責木偶的走動。這些人在一條淺淺的溝道裏來回走動，人們看得見他們的身體。布景在他們身後，就像我們西方戲劇中的布景那樣。在一邊，有一個台子，這是爲樂師和配音者準備的，他們的作用是**表現**本文（就像人們去壓擠一個水果）；這種本文一半是講出來的，一半是唱出來的，中間插入三弦琴樂師撥奏出來的響亮的琴聲，既有力度，也有技巧，因而本文的演出既是精心佈置的，又是冷漠不動情感的。配音的人流着汗，一動不動地坐在小台架後面，小台架上放着大稿子，他們照着這本稿子講，當他們翻過一頁的時候，你就能够從遠處瞥見那些直書的文字；一張挺直的三角形帆布安在他們肩膀上，像是一隻蝙蝠的翅膀，正好框着他們的臉龐，他們的面容聽命於那種痛苦的聲音。

符號禪意東洋風

因此，日本木偶戲施行着三種彼此分離的書寫，同時以三個景觀地點供人閱讀：木偶，操縱者，配音者：受制的動作，施控的動作，以及聲音的動作。聲音：這是我們的現代性的真實標誌，是語言的特殊質料，我們力求使它無往而不勝。與此截然相反，日本木偶戲對聲音有着一種**限定的**概念；它並不壓抑聲音，而是賦予它一種限定得非常清楚的、從根本上說來是小小不言的功用。在配音者的聲音裏，這些東西聚集在一起：語氣誇張的朗誦，震音，假聲，**斷斷續續的**

聲調，眼淚，勃然大怒，忽然又哀求，轉眼間又現出驚愕之態，不雅的情趣，所有這一切感情的表現，使身體內部的情感通過喉部肌肉作中介而淋漓盡致地表達出來。可是，這種超量性只是通過這種超量的符碼而得到表達：聲音只是在這種狂風暴雨般的幾個彼此不相連的符號中間流動；它從那個一動不動的身體裏發出來，那個身體被那件外衣弄成三角形，與本文相互關聯，而本文則被置於那個小台架上，指導着聲音，刻板地插進三弦琴琴師撥奏的那種稍稍有點不諧和（因而甚至有些不恰當）的琴聲，這種聲音的性質依然具有書寫出來的、不連貫的、符碼的特點，它屬於一種反諷（如果我們可以去掉這個詞的任何挖苦之意）；因此，這種聲音最終流露出的東西並不是它所負載的東西（"情愫"），而是它自身，它自己的那種放縱；施指符號巧妙地做到的不是別的，而是把自己的內裏翻出來，像手套那樣。

　　這種聲音沒有被廢除（這將是對它進行非難的一種方式，換句話說，是表明它的重要性的一種方式），它被安置到一邊（就舞台現場而言，配音者佔據着一個側面的台子）。日本木偶戲給這種聲音加上一種平衡物，或者說是一種抗衡物，即動作。這種動作具有雙重性：情感性的動

把影像顛倒過來：不會找到更多的東西，不會有別的東

西，一點兒也沒有

Renversez l'image :
rien de plus, rien d'autre, rien.

這個東方的男扮女裝藝人不是模仿女人，而是指代女
人：他並不鑽進角色原型之中，反而遠離其受指內容；
婦女特性是供人閱讀的，不是供人看的：他所要做的是
把這種特性迻譯過來，而非違背這種特性；符號打從顯
要的女性角色轉移到50歲的一家之父身上：他是同一個
人，但是隱喻自哪兒開始呢？

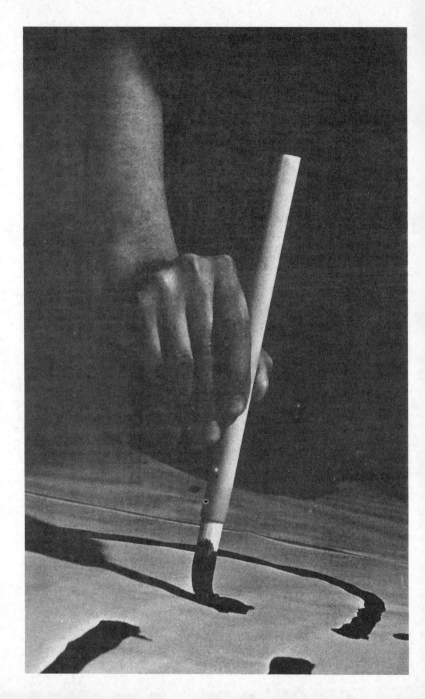

書寫的本質，在一筆筆昏沉的刻劃中甦醒，繼而漸漸抒展顯現；因爲它源於一種書寫與文意之間的回蕩出脫，訴諸一種細不可見的偏差（我們永遠無法與它面對面地如實相遇；那一下子喚起的，不是那用眼睛看到的，而是背後那讓人細味追尋的事物）。筆桿搖曳，在虛空之中穿梭回蕩，畫出一道道長廊，空谷傳音——筆鋒在紙上不即不離地抒展編織，揮出一股勁力，不單透散在紙面，想怕不再只是一個平面，而是一張織網，讓文意從中穿繡往來（手以中鋒持筆桿）——一個個表意符號就這樣回扣那根柱子——是管道，或是樓梯——然後在那裏幻化而爲結構複雜的銅管，在低聲唱頌。這根柱子或可稱爲一隻"虛腕"，它又彷似一條奇特的紐帶，讓呼吸（氣）從中上下貫通。這種完美無瑕的運轉，是造就那"幽渺森羅"或"無迹可尋"之道的必要條件。

　　　　　Philippe Sollers《論物質主義》（1969）

作，由木偶來表現（觀衆爲木偶婦人的自殺而落淚）；轉移性的動作，由操縱者來表現。在我們西方戲劇藝術中，演員裝作行動，但他的行動只不過是姿態而已：在舞台上，沒有別的，只有戲，那是一齣爲自己感到害羞的戲。然而，日本木偶戲（這是它的定義）卻把動作與姿態區分開來：它表演的是姿態，讓動作訴諸視覺，既展示這門藝術，又表現這種勞動，爲這兩種内容保留着各自的書寫性。聲音（這裏，讓它獲得屬於它那些過多的領地，是沒有任何危險的）則伴以極多的寧靜無聲，在這種寧靜中，反而更巧妙地把其他特徵、其他書寫方式顯示出來。而且在這裏，還出現一種前所未聞的效果：遠離這種聲音，而且幾乎沒有任何模仿聲音的因素，這些無聲的書寫——一個是轉移性的，另一個是姿態性的——產生出一種特殊的激發力，大概就像某種藥物引起的那種心智上的敏感。言語雖然沒有**經過清濾**（日本木偶戲與自我約束式的苦行主義幾乎毫無關係），但是可以這樣説，它已被攔到演戲的另一面，那作爲西方戲劇所要求的言語統統隨之而土崩瓦解：情感不再泛濫，不再淹没一切，而是變成一種讀物，那些陳規舊套統統消失，但場景卻沒有流於獵奇而成爲"幸運的新發現"。當然，所有這些都與布萊希特①提倡的那種陌生化效果（l'effet de distance）②有聯繫。那種距離，在我們看來是不可能的，無用的，或是荒謬的，因而極力加以否棄，儘管布萊希特非常獨特地把它置於他的革命的戲劇創作藝術的中心位置（而且毫無疑問，前者對後者做出了解釋），那種距離可以從日本木偶戲中得到解釋，這種木偶戲能夠讓我們看到它是怎樣活動的：運用那些符碼的非連續性，運用出現在多種不同表現手段中間的那種停頓，這樣，在舞台上精心演出的那個腳本不是被毀掉，而是不知怎樣被打破，留下縷縷溝痕，從聲音和動作、身體和靈魂的那一種轉代性的投入和感染中——這種投入和感染束縛着我們西方的演員——退避出來。

誠然，作爲一種既有整體性又有分離性的藝術，日本木偶戲沒有即興表演的成分：回到自發性將是回到那些陳規舊套去，而那種陳規舊套正構成了我們西方戲劇的"深度"。正如布萊希特所看到的，這裏引文（citation）佔支配地位，引文是一張張書寫和一個個符碼，因爲木偶的操控者沒有一個能夠親自出來說明決不是他獨自一人在寫作。正如在現代本文中，符碼、材料、毫無聯繫的論斷、編集在一起的那些動作交織在一起，這種交織增加了書寫內容，這不是憑藉某種形而上的力量，而是依靠一種**結合體**（combinatoire）的交互作用，這種結合體朝向戲劇的整個空間敞開：一個開頭，另一個緊接在後面，毫不中斷。

【譯注】

①布萊希特（Bertolt Brecht, 1898-1956），德國戲劇家、詩人。詩集有《家庭格言》（*Die Hauspostille*, 1927）、《斯文堡詩集》（*Svendborger Gedichte*, 1939）等。劇作《三分錢歌劇》（*Die Dreigroschenoper*, 1928）被視爲他最偉大的成就。

②亦有人譯爲"疏離效果"或"間離效果"。

符號禪意東洋風

14

有生命／無生命

日本木偶戲使有生命的／無生命的這一基本的二律背反遭到破壞，並且一筆勾銷，沒有偏於任何一方。在西方，木偶（例如潘奇①）是爲了給演員提供一面與他相反的鏡子；它使無生命物具有生命，但更叫人愜意的是表現出無生命物品級的低下，表現出其不活動的惰性毫無價值；因而，"生命"的滑稽性模仿，肯定了生命的**道德**界限，並且要求把美、真、情感置於演員的活生生的軀體裏，然而演員卻使這個身體成爲一個假象。日本木偶戲卻不彰顯其演員。用甚麼方法呢？這恰恰是通過對人體持的某種觀念而達成的，在這裏，無生命的物質遠較於有生命的肉體（裏面深藏着一個"靈魂"）更奮力、更有靈感地控制着人體。西方（自然主義的）演員決不漂亮，他的身體謀求成爲一種生理學上的而不是造形上的基要特質。這是各個器官的聚合，是各種激情的肌肉系統，它的每一種表現手段（聲音、面孔、動作）都從屬於一種體操訓練；但是緊隨中產階級思維的一種逆轉（儘管演員的身體是按照激情本質的劃分而構成的），它只能從生理學那裏獲得一種有機整體的析解，即從"生命"中分割而來：這裏的木偶就是那位演員，儘管他的動作構成一個彼此相聯的"織體"，這種動作所追求表現的不是那種討人愉悅的撫弄，而只是腑臟性的"真實"。

我們西方戲劇藝術的基礎，與其說是造成現實的虛象，倒不如說是造成整體的虛象：間歇性地，從希臘的歌舞劇（choréia）到資產階級歌劇，我們把歌劇藝術看作是幾種表現手段（動作、唱歌、摹擬）同時並用，這種表演藝術的來源是獨一無二的、不可分割的。它源出於人體，堅持一種整全的原則作爲追求的典範，而這種整全特性即人體的有機整合：西方的表演具有擬人性；在這種表演中，動作和言語（且不說歌唱）形成一個單一的"織體"，聚合起並潤滑得像是一塊單一的肌肉，使表現發揮作用，從不分割開：

符號禪意東洋風

動作和聲音的整一，產生了從事表演動作的**個體**；換句話說，就在這個體中，角色的"人格"（即那位演員）得以構成。事實上，在西方演員的"活生生的"、"自然的"外部表現後面，他保存着他的身體的割分，因而也培育着我們的種種幻想：這裏是聲音，那裏是凝眸，那裏軀體的一部分又給賦予了愛慾；可以説，有那麼多的身體部位，就有那麼多的崇拜物。西方的木偶（正如在我們的木偶戲"潘奇和朱迪"中明明白白地表現的那樣）也是一種幻想的副產品：作爲一種還原，作爲一種頑强的反射（這種反射與人類秩序之間的依存關係不斷地由一種滑稽的模仿所提引出來）；這種木偶並不是像整個身體那樣活動，整體都活生生的，而是像源自演員的硬梆梆的一個部分；作爲一個像機器那樣動作的東西，它依然是一個動作、猛力一拉、震動、非連續性本質，是身體動作的一種分解性投影；最後，作爲一種玩偶，令人想起那塊布條，那條生殖部位的"帶子"，這確實就是男性生殖器的那個"小東西"（ das Kleine ），它是從身體裏掉下來變成一個受人崇拜的東西。

日本的木偶也許跟這種幻想的來源有一點關係。但是日本木偶戲藝術卻顯示出另一種不同的意義；日本木偶戲的目的不是在於使一個無生命的對象具有生命，從而使身體的一個部分，使人的一個部位"栩栩如生"，同時又保存着它作爲一個"部分"的那種作用。它所追求的不是對人體的模仿，而是它那種感覺的抽象。我們給與整個人體的每一件東西，我們的演員在一個有機的、"活生生的"整體的外表下所被剝奪的每一件東西，日本木偶戲中的小矮人都誠實無欺地加以復原和表現：脆弱，謹愼，豪華，前所未聞的細微差別，對一切細枝末節的否棄，動作的那種旋律性的表達，簡而言之，古代神學夢想中給與被救贖的身體的那些特質，即冷漠、明澈、機敏、微妙，這就是日本木偶戲所達到的目的，它就是這樣把作爲崇拜物的身體轉變成令人喜愛的身體，它就是這樣拋開了**有生命的／無生命的**這個二律背反，並且否定了隱藏在一切有生命之物背後的概念，乾脆說就是"靈魂"。

【譯注】

①潘奇（ Punch ），英國木偶劇 Punch and Judy 中駝背的滑稽角色。

88

符號禪意東洋風

15

內心／外表

　　拿最近幾個世紀的西方戲劇作例子，它的功用主要是表現被視為秘密的那些東西（"感情"、"情境"、"衝突"），同時還要把這種表現的那種人工痕迹（道具、繪畫、化裝、光源）加以掩藏。從文藝復興時期以來的舞台為這種假象提供了場地：在這裏，發生在內心中的每一件事，都悄悄地展示出來，觀眾則蹲坐在黑暗處為之驚嘆，仔細察看，細細品味。這個場所是神學領地，它是罪惡之所：一方面，在光亮處的是演員（他假裝對這種光亮一無所知），即姿態和詞語；另一方面，在黑暗處，是觀眾，即意識。

　　日本木偶戲並不直接破壞房屋和舞台的那種關係（儘管日本戲劇與我們西

方戲劇相比，極少受到甚麼限制，極少封閉性，極少沉重感）；它所深刻地改變的東西是那種動力關係，這種動力關係是從劇中人物到演員所構成的那種關係，在西方，這種關係常常被看成是內心世界的表現手段。我們一定會想到，日本木偶戲中那些操縱表演的人既是視覺可見的，又是冷漠無情的，身穿黑衣服的那些人圍着那個木偶忙得不亦樂乎，但卻沒有任何技巧上的做作或是故作謹小慎微的樣子，有人會説，那種表演沒有任何自吹式的炫耀；他們的動作没有聲響，敏捷而又優雅，極有影響力和效果，既具有力量，又帶有靈巧，這種力量與靈巧的融合乃是日本人常見的那種動作的顯著特點，而且是有效性的一種審美外觀；至於那位大師，他的頭露出來，光滑的，禿禿的，沒有化裝，這使他具有一種世俗的（不是一種戲劇的）特點，他的臉朝向觀衆，任觀衆閱讀；但是，小心地、難能可貴地提供給人閱讀的卻是無物可讀；還是在這裏，我們又看到意義的那種空無（那種空無依然**來自**意義），對於這一點，我們西方人幾乎不可理解，因爲在我們看來，反對意義就是隱藏或顛倒意義，但決不是"抽空"意義。在日本木偶戲裏，這種戲劇的來源從它們那種空無性中表現出來。從舞台上被驅逐出去的是那種歇斯底里表現，即戲劇本身；而取代其位置的則是這種景象製作所必須的那種動作：活動取代了內心世界。

因此，像某些歐洲人那樣，想知道觀眾是否忘記操縱者的存在，這是徒勞無益的。日本木偶戲既不隱藏甚麼，也不渲染它那種表現手法；因此，它清除了演員表演中的一切神聖氣味，並且摒棄了那種形而上的聯繫，而西方人總是要在身體與靈魂、原因與結果、動力與機制、經理人與演員、命運與人、上帝與創造物之間建立起這樣一種聯繫：假如操縱者不是隱藏起來的，那麼爲甚麼你要——而且怎樣去——把他弄成一位上帝呢？在日本木偶戲裏，木偶沒有那些操縱線。這裏不僅沒有操縱線，而且也沒有隱喻，沒有**命運之神**；由於木偶不再模仿生靈，所以人也就不再是神靈手掌裏的木偶，**內心**不再命令**外表**。

鞠躬

$$\boxed{16}$$

在西方，爲甚麼人們以懷疑的眼光來看待禮貌行爲呢？爲甚麼謙恭有禮被視爲一種距離（如果事實上不是一種逃避行爲）或是一種虛僞？爲甚麼人們更渴望一種"不拘禮儀的"關係，而不喜歡一種制度化的關係？

西方人的不禮貌行爲是以某種"人格"神話學爲基礎的。從拓撲幾何學的觀點來看，西方人被看作是具有兩面性的人，是由一種社會的、做作的、虛假的"外表"與另一種個人的、真實的"內心"（這是神性交流之地）構成的。按照這種模式，這種人類的"人格"乃是充滿着自然本性（或神性、或罪惡）的場所，它被一種決不會受到高度尊重的社會性外皮束縛和包裹着，那種彬彬有禮

93
鞠躬

的姿態（當人們要求這樣做的時候）乃是表示尊敬的符號，這種符號超越世俗的限制（也就是說，不顧這種限制，並且以這種限制爲中介手段），從一種自足轉換到另一種自足。然而，一旦這種人格的"内心"被認爲是可敬的，那麼在邏輯上只有通過對人格的世俗外皮產生的利益統統加以否定，才能更合情合理地承認這種人格：這裏出現的是設想中的那種坦率的、野蠻的、赤裸裸的關係，剝下了（可以這樣設想）一切符號性表示，對一切具有媒介性質的符碼絲毫不感興趣——這種關係最能尊重他人的個體價值：舉止不禮貌就是做人真實，我們西方的道德觀作如是說（這樣講是很合邏輯的）。因爲，假如確實存在着一種人類的"人格"（密集的、顯著的、中心性的、神聖的），那麼毫無疑問，我們要求以動作"致敬"（以頭部，嘴唇，身體）的就是這種人格；但是我自己的人格，勢必與他人的自足性產生衝突，我的人格只能通過排斥那種做作舉動的

qui salue qui ?

究竟是誰向誰致敬呢？

le cadeau est seul :
il n'est touché
ni par la générosité
ni par la reconnaissance,
l'âme ne le contamine pas.

禮物獨立自處：

不論是慷慨

或是感激

都觸不到它，

它沒有爲靈魂所污染

一切媒介和肯定它"內心"的整一性（這個詞太籠統，即含有身體和道德這兩個方面）來獲得承認；而在第二個動力中，我將減少我的禮節，我將假裝讓這種禮節表現得自然，就像出於本能似的，把它滌淨，消除任何符碼的摻雜：我將變得幾乎是不那麼和藹可親，或是仿照一種顯然是憑想象創造出來的那麼一股和氣勁兒，就像普魯斯特作品中的那位帕爾瑪公主（princesse de Parme），她顯示自己收入之豐、地位之高（也就是說，她表現自己物品"豐足"和構成自己人格的那種方式），不是靠一種顯示出距離感的死板舉止，而是靠那種有意做出來的"質樸"舉止：你瞧我這個人多麼樸實，多麼和藹可親，多麼坦率，多麼簡簡單單的是"某一個人"，西方的不拘禮儀行為給人這樣一種印象。

而另一種禮貌，則是通過對種種禮儀符碼的那種小心翼翼的拘泥恪守表現出來，這是禮貌舉止的一種清晰的形象體現，甚至在我們按照我們對人格所持的那種形而上的觀念來看，是過分誇張了的表示敬意的姿態（換句話說，在我們看來有點"丟臉"），這樣一種禮貌乃是"空無"的一種體現（這就是我們期望從一個強烈卻"空洞無物"的符碼中所遇見的）。兩個人體彼此互相深深地彎腰鞠躬（手臂、膝蓋、頭部總是放在所規定的位置），按照那種具有微妙符碼意義的深度來施行。爲了贈送別人一件禮物，我還要按照古老的傳統那樣伏地鞠躬，彎腰直至地板的平面，而爲了回報，我的朋友也如此這般地施禮：腰彎得和我一樣低，貼到地面，贈物者與受物者都爲那件表示禮節的東西而相互施禮，那是個盒子，裏面很可能甚麼東西也沒有，或者乾脆說，空空如也。在互贈禮品的舉動中，一個符碼式的形象在屋子的空間中展現開來，這個形象消解了一切貪慾之心（禮物懸留在形象未現和形象已逝之間）。在這裏，這種禮貌舉動不帶有任何丟人或是虛榮的因素，因爲這種施禮行動**沒有對象**；它不是兩個自足體、兩個人格帝國（每一個都統治着自己的**自我**這個小小的王國，並且掌握着它的"鑰匙"）之間的一種交流的符號（它被緊緊地盯住，帶有一種屈尊和提防性質）。它只是一個禮儀網絡所具有的特徵，在這個網絡中，沒有任何窒礙的、複雜的、深刻的東西。**是誰在向誰施禮呢？**只有這個問題才證明這種禮節具有合理性，把這種禮節引向鞠躬，引向屈膝行禮，因而，它崇尚的不是意義，而是對意義的刻寫，並且表現爲一種體態，我們則把這種體態看作是一種姿勢的那種過於豐富的內涵，可是這種姿勢所表示的內容則空空如也，這實在令人難以設想。佛家格言反覆講，**色即是空**。這就是通過兩個人體彼此彎腰施禮這種彬彬舉止、通過禮儀（這裏，這個詞的可塑意義與世俗意義不可分割開來）的實施所表達出來的東西，這兩個人體只是具有自我刻寫的性質，並不表示屈從和拜倒。我們的講話方式毛病很多，假如我說，在那個國度裏，禮貌是一種宗教，那麼我的意思就是説：這裏面有着某種神聖的東西；應當把這句話拐個彎兒，才能夠表達這種意思：那裏的宗教不過是一種禮貌，也許這樣説會更好，那裏宗教已經被禮貌所取代了。

17

俳句①具有這種相當奇異的性質：那就是，我們總以爲自己寫起這些小詩，一定會得心應手。我們對自己説，有甚麼比寫這樣的即事詩（與謝蕪村②所作）更容易的呢：

> 秋夜，
>
> 思念的
>
> 只有雙親。

俳句喚醒了慾望：多少西方讀者都想望着手拎筆記本，漫步人生之旅，隨手記下種種"感覺"，以文筆之簡潔而臻於完美境界，以文字之素樸而達於深邃意境（它所依靠的是一個具有兩重意義的神話，即：一方面是古典的，它以簡潔來確保藝術的成功；另一方面是浪漫的，它把真理的榮光賦予即興作品）。

由於俳句極易理解，所以並無含蘊，而且由於這種兩重性，所以似乎是以一種特別容易接受的、特別派用場的方式向着意義敞開大門，這種方式是一位彬彬有禮的主人的那種方式，它使你有賓至如歸之感，你可以憑自己的愛好、自己的價值觀念、自己的完整的符號系統隨心所欲地看待它。俳句的"空無"（這個詞用以表述不專注的心識，一如用以表述一個地主踏上征途一樣）給人以誘發，意義得以破開，簡而言之，這是對意義的極大的貪欲。這種寶貴的、至關重要的意義，像好運道（機會和金錢）那樣讓人想望；俳句沒有格律上的任何束縛（在我們的翻譯中如此），似乎要多少就能寫出多少，極容易流走於筆端；人們會説，在俳句裏，符號、隱喻和寓意幾乎甚麼也用不着，只有那麼幾個詞語，一個意象，一段情愫；而我們的文學裏，這種情況一般總是要求成爲一首詩，總是要求有一種發展性或是（在這種簡潔的文學樣式裏）有一種清晰的思想；簡而言之，這是一種漫長的修辭方面的勞作。這樣看來，俳句似乎給西方帶來某些權利，這些權利在西方文學裏則被否定，還給西方提供了某些有益的東西，這些東西也是它極少能够得到的。俳句説，你得到特許，可以是瑣屑的，短小的，普

符號禪意東洋風

普通通的，你有權利把你的所見、所感引入詞語的一種纖細的世界裏，你會為此而感到興致益然；你自己（或是由你自身出發）有權利建立起自己的名氣；你的句子，不管它是怎樣的，將闡述一種寓意，將放出一個象徵，你將變得深厚：以可能有的最小的代價，使你的作品變得**內容充實**。

西方人使一切事物無不沉浸在意義裏，就像是一種有獨裁主義色彩的宗教，硬把洗禮儀式施於全體人民；語言（由言語構成）的這些對象顯然是理所當然的信徒：正如轉喻那樣，這個系統的第一層意義喚來了話語第二層意義，這種召喚具有一種普遍的約束力。我們有兩種方法可以使話語免遭無意義的惡名，而且我們有系統地使言辭（它處於一種拼命填入無價值之物的狀態中，這就會洩露出語言的空虛性）服從這些**含義**（或是主動製作出來的符號）中的這一項或另外一項：象徵與推理，隱喻與三段論。俳句的主題常常很簡單，司空見慣，簡而言之，**是可接受的**（語言學的說法）；俳句被引入意義的這兩個帝國中的第一個或另一個。因為俳句是"詩"，所以我們把它歸到一般被稱為"詩的情感"的那種情愫中（在我們看來，詩一般來說是"發散的"、"無法言傳的"、"敏感的"情緒的符號表現，這類感覺是無法分類的）；我們談到"凝聚的情感"，談到"一個顯要的瞬間的真誠標記"，特別是談到"沉默"（在我們看來，沉默乃是語言完滿的符號）。日本的一位詩人這樣寫道：

> 多少人
>
> 來往於瀨田橋上
>
> 在紛紛秋雨中！

我們從這首詩中感受到飛逝的時光這一意象。另一位詩人（芭蕉）寫道：

> 我沿山路走來。
>
> 呵！這真奇妙！
>
> 一朵紫羅蘭！

這是因爲他碰見了一位佛家的隱士，一朵"美德之花"；如此等等。西方評注者運用一種象徵方式，沒有一個特點沒被投入到詩的解釋中。而且，我們還不惜一切代價，力圖把俳句的三行詩韻律（這三行詩分別是五音節，七音節和五音節）翻譯成三種時態（起筆，懸念，結尾）的三段式結構：

> 古潭，
>
> 青蛙一躍而入：
>
> 呵！水聲。

（在這種獨一無二的三段式中，詩的内容是通過武斷才獲得的：爲了能够包括到裏面去，小前提必須躍入大前提中。）當然，假如我們拋棄隱喻或是三段式，那麼，要作出評論就是不可能的事了。要想談論俳句，那就乾脆去重複它一遍。芭蕉詩的一位評注者就不刻意地這樣做：

> 已四點鐘……
>
> 我九度起牀
>
> 讚美月亮。

這位評注者説："月亮實在太可愛了，詩人一次又一次地起牀，憑窗凝望着月亮"。解譯，規範化，或是重複，這種種解釋方法在西方旨在**刺探出**意義，換句話説，是要通過打破和進入來獲得意義（而非搖動它，像禪宗教徒面對**心印**③，對於荒誕之物沉思默想，就像牙齒一樣把它搖落下來），這些方法對於俳句依然不免要誤解；這種閱讀活動將會使語言處於架空狀態，而不是去激發它。對於這項工作的困難與必要，俳句大師芭蕉本人似乎已經認識到了：

> 他真堪讚美
>
> 當他看到閃電
>
> 並不認爲"人生如朝露"！

【譯注】

①俳句，日本詩體之一。常以三句十七音組成一首短詩。首句五音，中句七音，尾句五音，又稱十七音詩。經17世紀詩人松尾芭蕉創導後始成獨立詩體。

②與謝蕪村（1716-1783），日本俳句詩人、畫家。他提倡"離俗論"，反對耽於私情、沾染庸俗風氣的俳句，號召"回到芭蕉去"。

③心印，即以心傳心。佛教禪宗沉思中的重要一環，以一種簡短而不合邏輯的問題，使思想脫離理性的範疇。

符號禪意東洋風

揚棄意義

　　整個禪宗都在進行一場戰爭，反對把意義褻瀆。我們知道，佛教對任何肯定（或否定）引入的死胡同加以堵塞；它勸說人永遠不要被下面這四種命題所纏繞：這是 A──這不是 A──這既是 A 也是非 A──這既不是 A 也不是非 A。現在，這四種可能性與我們結構語言學所建立起來的完美的範式（A──非 A──既不是 A 也不是非 A［零度］──A 與非 A［複合度］）是一致的；換句話說，佛教這種方法正是抑制意義時的那種方法：含義的這種秘訣（即範式）被看成是**不可能的**。當禪宗六祖①對"**問答**"（ mondo，即一種問答練習）加以指導時，爲了在一個概念提出來的時候更徹底地攪亂範式的功用，他轉移到一個與此相反的概念（"若有人向你提問，問你關於不存在之物的問題，你可以用存在來回答。若有人問你關於普通人的問題，你可以講些關於大師的話來作為回答，如此類推。"），這樣就可達到愈發明確地嘲弄範式，嘲弄意義的機械性本質。所針對的是符號的建立（在對意義的武斷性而言，這種既準確又是不懈的、甚精煉而圓熟的思維方式，在在顯示出東方式思維的複雜性），換句話說，就是分類（無明［maya］）；在最典型的分類（語言分類）的制約下，俳句冀望至少能獲得一種不以外加的層迭意義為基礎的（正如在我們的詩歌中一貫施行的那樣——我們稱之為符號的"迭加"）**平面性的**語言。當我們得知青蛙的鼓噪聲使芭蕉豁然領悟禪宗的真理時，我們就能夠理解（儘管這個說法仍然帶有太濃的西方味兒）芭蕉從這種喧鬧聲中發現的當然不是"啟悟"這類主題（ motif ），也不是敏感的一種符號性表現，而是語言的一種終結：在一瞬間會出現語言的休止（這種時刻要經過多次修煉才能夠出現），這種無聲的**斷裂**立即建立起禪宗的真理與俳句那簡潔、空靈的形式。這裏對"發展性"所作的否定具有極端傾向，因為這不是把語言擱淺在沉滯、滿蕩、深刻、神秘的沉默上這樣一個問題，甚至也不是把語言擱淺在一種靈魂——這個靈魂通往神聖的交流（禪宗心中無神）——的空靈境界中的問題；這裏所談論的東西既不會在話語中發展，也不會在話語的終結處發展，這裏所談論的是**暗淡無光**之物，人們所能做的事，只是去細細品味和琢磨；這正是要求一個從事心印活動（或是領略大師向他提出的軼事遺聞）的佛教信徒所要做的事：不是去解決問題，好像它有一種意義似的，甚至也不是去發現它的荒謬（那依然是一種意義），而是對它反覆思考，"直到牙齒脫落"。因此，全部禪宗——俳句只是禪宗的文學分支——便表現為一種巨大的實踐力量，這種力量注定要**制止語言**，堵塞那種不斷為我們**傳來**的內心的無線電似的信息，這種信息甚至傳入我們的夢中（那些做功課的教徒有時候不睡覺，或許就是因為這個原因），抽空靈魂中的不可壓抑的喃喃話語，使之呆若木雞，使之欲語忘言；或許禪宗稱之為"悟"的那種現象，西方人只能用一些意思模糊的基督教術語（**啟發、啟示、直覺**）來對譯；悟，不過是語言的一種沒來由的中止，這種語言的空白推倒了**符碼**對我們的統治，這是構成我們人格的那種內心吟誦的破毀；如果說這種**非語言**（ a-langage ）

狀態是一種解放，那是因爲，在佛教徒的實驗
中，第二級思考（對思考的思考）的增長——或
者也可以稱之爲過多的受指內容的無限添加，這
是一個循環，在這個循環裏，語言自身則是倉庫
和範型——顯示出一種阻塞作用：這反而**取消了**
第二級思考，這樣就打破了語言那種很有害的無
限性。顯然，在所有這一切實驗中，這並不是一
個把語言粉碎在那種不可言傳的神秘的沉默腳下
的問題，而是**斟酌**它的問題，是把旋轉着的言語
的陀螺——它把那種使人沉溺其中的符號替代的
衍化作用囊括到它自己的旋轉之中——加以阻遏
的問題。簡而言之，它是作爲那種受攻擊的語義
操作活動的符號。

　　在俳句中，語言的局限乃是我們不可想象的
一種關切的對象，因爲它不是一個力求簡潔的問
題（也就是說，減省施指符號，但不損害受指內
容的密度），恰恰相反，它是一個影響到意義的
根基的問題。因此，這種意義將不會消失，不會
傳播，不會內在化，不會變得含蓄，不會變得支
離破碎，不會流於無休止的隱喻之中，不會落入
那種象徵的領域之中。俳句的簡潔並不是形式上
的特點；俳句並不是一個縮小爲一種簡潔形式的
豐富思想，而是一個驀然找到自己的合適形式的

簡單事件。對語言的斟酌是西方人最不適於幹的事，這不是因爲他的言辭不是太長就是太短，而是因爲他的所有語言技能都促使他使用施指符號和受指內容時失去平衡，不是把受指內容置於刺刺不休的施指符號浪潮裏，從而"沖淡"受指內容，就是"深化"形式，使之走向內容的朦朧領地。俳句的精確性（這種精確性決不是對現實的一種準確描寫，而是施指符號和受指內容的一種恰當的配合，是對常常超越或貫穿這種語義關係的那些邊緣、贅疣和縫隙的一種抑制）在這方面顯然具有某種音樂因素（這是意義的音樂，倒不一定是音響的音樂）：俳句有着純淨性、圓體性和音樂調子的那種空靈性；也許這就是爲甚麼會像回響那樣兩次吐讀出來；讀這種絕妙語言一次，那就會賦予驚奇、感觸、瞬間的完美以一種意義；讀這種語言多次，那就會得出這樣的結論——意義將會從這種語言本身裏被發現，而且還會學到那種深刻性；在這兩者之間，既不怪異也不深刻，那種回響只是在意義的這種空無之下劃出一道界線。

【譯注】

①禪宗衣鉢相傳共六世，分別爲達摩、慧可、僧璨、道
　信、弘忍、慧能。六祖即慧能，亦稱六祖大師。

符號禪意東洋風

偶發事件

19

西方藝術把"感覺"轉化爲描寫。俳句從來不描寫甚麼；俳句藝術是反描寫的，事物的每一種狀態都迅速地、頑强地、成功地轉變爲表象的一種玲瓏嬌弱的精髓：一個地地道道的"轉瞬即逝的"時刻，在這個時刻中，儘管事物已經成爲語言，但它還會變成言語，還會從一種語言流傳到另一種語言，並且使自己成爲這種未來的記憶，因此是存在於先的。因爲在俳句裏，起支配作用的不僅僅是事件本身：

那天早上我忘記

洗臉。）

還有在我們看來似乎是繪畫、一種小型繪畫所具有的那種潛能，這類現象在日

偶發事件

本藝術中屢見不鮮，例如志木（Shiki）的這首
俳句：

> 船上一頭公牛，
>
> 扁舟一葉渡河，
>
> 夜雨迷濛中。

這首俳句變成或只是一種絕對的音調（禪宗給每
一件瑣屑或重大事物的就是這種東西），成爲在
人生之頁、語言之網上面飛快一觸而留下的一個
淡淡的皺痕。描寫是西方的一種文體類型，它的
對應物就是沉思冥想中的心靈，它是對神性的種
種附屬形式、對傳道性記述的種種軼聞趣事的羅
列（在羅耀拉①筆下，沉思冥想的訓練，從根本
上說，具有描寫性）；與此相反，俳句表達的是
一種形而上的觀念，既無主體又無神靈；俳句與
佛教的**無**和禪宗的**悟**彼此呼應，這種無和悟決不
是上帝的那種光輝降臨和顯靈，而是"對事實的
醒悟"，是對事物的一種理解，即把它看作事件
而不是質料，從而達到語言的前岸，與那種冒險
（這較多出現在語言中，較少出現在主體中）的
暗淡性（完全是追憶和重建的）彼此相聯。

　　一方面是俳句的數量和分散性，另一方面則
是簡潔性和彼此之間的互不相涉，這兩方面似乎
把世界分裂開來，似乎把世界劃歸到無限中去，

似乎構建起一個完全由零碎斷片組成的空間，事件構成的一片微塵，沒有任何東西能夠通過含意的轉移而凝聚、組合、指揮、結束那些斷片和事件。這是因爲俳句的時間沒有主體：閱讀行爲中的自我就是一切俳句中的自我，這個自我經過無數次折射，只不過是閱讀的場所；按照華嚴宗教義提出來的那種意象，我們會說，一切俳句的那個共同體就是一張綴滿珍珠的網，在這張網上，每一顆珍珠都反射出所有其他珍珠的光芒，如此以致無限，那裏並不存在着一個可以抓得住的中心，一個閃閃發光的主要核心（在我們看來，這種沒有動力、沒有羈勒的反射效應，這種沒有起源的反射活動所產生的最清晰的意象，正是有如字典一般；在字典中，一個詞只能由其他詞來下定義。在西方，鏡子從其本質來說乃是一個自戀之物：人們只是爲了端詳自己才想出要製造出一面鏡子；但是在東方，鏡子顯然是空靈的，它是那些符號的那種空靈性的象徵（一位道家大師説道："聖人之心有如鏡，不攝物亦不斥物，它受而不留"）：這面鏡子只是截取其他鏡子的影象，而且這種無限反射本身就是空（我們知道，空即是色）。因此，俳句把我們從未碰到過的那種事物提示給我們；我們從中認出一個沒有來源的複製品，一個沒有原因的事件，一個沒有主體的回憶，一種沒有憑藉物的語言。

我在這裏談俳句的這番話，也可以用來談論人們在我稱之爲日本的那個國度旅行時碰到的每一件事。在日本這個國度裏，在大街上，在酒館裏，在商店裏，在火車裏，總是要碰上點事。這種事——從語源學的角度說，這種事是一種冒險——無窮無盡：諸如衣着上的不協調，文化上的與時代相悖，舉止的自由無羈，旅行指南的不合邏輯，等等。要想把所有這些事情一一加以數點，那將是一件西西弗斯的工程（ entreprise sisyphéenne ）②，因爲只有當人們置身於街道的那種生動活潑的書寫過程中閱讀它們的時候，它們才熠熠閃光，西方人只有體會到自身與事情的距離，然後把此中的意義灌注入那些現象中，始可以對那些現象加以言說：實際上，他會以此爲素材寫出俳句，所運用的那種語言和我們格格不入。他所能夠加入的東西就是，這些無窮無盡的冒險事（在一天之内，這種冒險經歷的積累激發出類似對性愛的那種迷醉）決不會產生那種生動如畫的效果（日本事物所表現的那種生動如畫的性質與我們很隔膜，因爲它與構成日本特色、構成其現代性的那種東西風馬牛不相及），決不

符號禪意東洋風

會產生任何新奇性（這種新奇決不會流於饒舌，那會使它成為敘述性或描寫性文體）；那些現象讓人們閱讀的（在這個國度裏，我是一個讀者，不是一個參觀者）是筆直的線條和筆觸，不露尾痕，沒有邊際，沒有顫動；在我們這裏，有很多微小的舉動（從服裝到微笑），都是西方人長期形成的那種自戀的產物，它們只是一種充分自信的符號，而在日本人那裏，這些微小的舉動，只是慣常走路的姿態，間而流露出對周圍事物好奇的神情：因為這種姿態上的自信和獨立與自我的那種肯定（一種"自足"）沒有關係，它只是與存在的一種刻寫樣式有關；因此，日本街上（或說得更廣泛一些，是日本的公共場所）的景象，像一位上了年紀的美學家的作品那樣令人激越奮發，一切粗鄙的東西統統通過它而得到傾瀉；這種街景決不是依賴於身體的那種戲劇性因素（一種歇斯底里症），而是又一次依賴於那種一揮而就（ alla prima ）的書寫，在這裏，草稿與遺憾、計算與改正同樣都是不可能的，因為那線條、那痕迹從書寫者給出的那種有利的意象中擺脫出來、獲得自由，它不再是表現，而只是**得到存在**。禪宗的一位大師說道："**當你走路時，要心滿意足地走路。當你坐下來時，要心滿意足地**

坐下來。切記一句話：不要擺脫現狀！"這似乎就是它們以各自的方式告訴我的全部東西——騎着自行車的年輕人在一隻胳膊上放着一個盤子，盤子上托着高高的一摞碗；或是年輕的女售貨員在百貨商店的顧客準備上電梯離開時，深深地向顧客彎腰鞠躬，這是非常嚴格的禮儀性動作，因而不使人感到一種卑屈的奴性；或是玩彈球戲的人投入、推動和得到彈子，這三種動作配合得非常協調，渾然一體；或是咖啡館裏的花花公子在喝可口可樂前，以一種儀式般的姿態（突然而陽剛地）嘭的一聲打開熱餐巾的塑料套，把手擦乾淨：所有這一切偶然碰見的小事正是俳句的根本素材。

【譯注】

①羅耀拉（ Ignatius Loyola, 1491-1556 ）：西班牙人，基督教牧師，耶穌會的創立者。
②意即無窮無盡的事，徒勞的事。

20

俳句的任務是從一個完美的供人讀的篇章中成功地抽出意義（這個矛盾是與西方藝術對立的，在西方藝術中，只能靠把它的篇章弄得不可理解這一方式來同意義作對），因此，在我們眼裏，俳句既不古怪，也不熟悉，它甚麼都不像：從閱讀的角度說，俳句在我們看來似乎簡單、親近、易懂、賞心悅目、優美、"有詩意"，簡而言之，可以爲它列出一系列令人愉快的特點；然而它使我們格格不入——儘管這無關緊要——最後在我們把這些修飾語賦予它的一瞬間，它失去了這些東西，進入意義中止狀態，這在我們看來是最奇異的事，因爲它使我們的語言最常見的那種活動——即評論——不可能再進行。對於下面這樣的詩句，我們將如何評論呢？

> 春天的軟風：
>
> 舟子嚼草梗。

再比如：

> 滿月
>
> 在草蓆上
>
> 棵松的樹影。

再看這首：

> 漁夫的屋裏
>
> 乾魚的氣味
>
> 和熱

再看下面一首（但不是最後一首，這樣的例子不
勝枚舉）：

> 冬天的風吹着。
>
> 貓的眼睛
>
> 眨了一眨。

這樣的**痕迹**（這個詞用在俳句上很合適，因爲俳
句是一種刻寫在時間上面的模糊不清的凹痕）建
立起我們所稱的"不帶評論的視景"（ la vision
sans commentaire ）。這種視景（這個詞的西
方味還是太濃）事實上完全是屬於個人的；被取
消的不是意義，而是一切終結的概念。俳句不爲
任何文學上的目的服務（儘管那些目的本身並不

需要甚麼代價），運用捕捉意義的一種技巧來對待它，研究它是怎樣傳達、表現和變化，這沒有甚麼意義。與此同理，禪宗的某些派別把靜坐冥想看作是**旨在獲得佛性的一種實踐**，其他一些派別則反對這種（顯然是根本性的）結論：人們必須一直坐在那裏，**"爲了打坐"**而打坐。那麼俳句（就像表現出日本現代和社會生活的那些不勝枚舉的、具有書寫性質的姿態那樣）不也正是**"爲了書寫"**而寫出來的東西嗎？

在俳句中失去的是我們（古老的）古典作品的兩個基本功能：一個是描寫（舟子的草梗，松樹的影子，魚的氣味，冬天的風，都沒有加以描寫，也就是說，給它們加上種種含義、種種寓意，這些含義和寓意是作爲一個真理或是一種情愫顯現的標誌而提示出來的：現實不被賦予意義；而且，現實甚至不能再支配現實的意義）；另一個是定義；定義不僅轉移到姿態上（那只是一種書寫性質的姿態），而且也轉向客觀對象的一種無關緊要的——反常的——興盛期，正如禪宗的一則軼事巧妙地揭示的那樣；在這個故事裏，那位大師爲徵求定義（**"扇子是甚麼？"**）而懸賞，條件是，不僅要沉默不語地用純姿勢來對功能（**搧扇子**）做出說明，而且還要發明出一系

列不常見的動作（**合攏扇子，用扇子搔脖子，再
展開扇子，把餅子放在扇子上，再獻給大師**）。
俳句既不描寫甚麼，也不為甚麼下定義，俳句
（當日本人的生活展示在我面前、讓我閱讀的時
候，我最後會列舉出它們那些不相關聯的特點和
事情）減化到純粹運用指稱的程度。俳句說道：
它是那個，它是如此，它是這樣。說得更確切
些，就是：**這樣！**它的筆觸極其飄忽、極其簡潔
（既不搖擺又不重現），甚至連接詞看上去也是
多餘的，它表達出對於視若禁臠的、永遠是陌生
的定義而產生的那麼一種懊悔之情。這裏，意義
僅僅是光的一閃、一擊而已。莎士比亞
（Shakespeare）寫道："**感覺之光放射出來的
時候，伴隨着一道閃光，這道閃光揭開了肉眼所
看不見的世界。**"但是俳句的一閃卻甚麼也沒有
照亮，甚麼也沒有揭示；這是攝影中的那種閃
光，人們拍攝時是那麼小心翼翼（以日本人的那
種方式），可是卻忘記在相機裏裝上膠片。也可
以這樣說：俳句所複製的是這樣一種指示性姿
態，小孩子指着甚麼東西（俳句在題材上沒有限
制），只是說："**那！**"而且動作又特別直接（沒
有任何中介環節，諸如知識、命名、乃至佔
有），被指示的正是對客觀對象加以分類的那種

符號禪意東洋風

蠢話。俳句告訴我們，**沒有特殊的東西**，這話與禪宗精神是相符的：事情不是按照甚麼種類來命名的，它的獨特性會使那些環形線路短路；俳句就像是一個裝飾得很漂亮的圓環，繞在自己身上，符號的痕迹──它似乎曾是被追踪的東西──被抹除得乾乾淨淨：甚麼東西也沒有得到，詞語之石甚麼痕迹也沒有留下來：既沒有波紋，也沒有意義的流動。

文具店

21

在文具店——書寫必備用品的滙集之地，我們被引入符號的空間；在文具店裏，手遇上了筆觸、墨迹、線條、書寫所需要的用具和材料；在文具店裏，符號的交流開始了，甚至在書寫之前這種交流就已經開始了。每一個民族都有自己的文具店。美國的文具店物品豐富、製作精密而又靈巧；這是爲建築師和學生而開設的大型商店，這種商業交易必須預想到那種最輕鬆的體態動作；它認爲，文具的使用者不需要把自身投入到自己的書寫中去，但是他必須有各種各樣必備的用具，好把記憶、閱讀、教授和需要交流的各種內容舒舒服服地記錄下來；這裏，人們可以輕易地操控用具，但是對筆觸、對工具卻沒有任何幻想；工具只是投入純粹的運用中，書寫從來不被看作是一種衝動作用下的結果。法國的文具店通常冠以"本公司建於18—年"字樣，那塊黑色的盾形大理石上刻有金色的文字；這種文具店還保留着簿記員、書寫員和商業性的文具店那種樣子；它的最有代表性的產品是備忘錄，法律上可用的和手寫的複本，商店的主顧是那些永不止息的抄寫員。

日本文具店的服務對象則是那種具有表意符號性質的書寫形式，這種書寫形式在我們看來似乎來源於繪畫，乾脆説，就是繪畫靈感的產物（重要的是，那種藝術本來應當來源於經典文書，而不是源於一種感情表現性因素）。日本的這種文具店爲書寫的這兩種基本質料——即平面性與繪畫性用具——發明了種種形式和特質；相形之下，它忽視了記錄方面的一些方便途徑，没有美國人在這些方面表現出來的那種稀奇古怪的豪華設計。這是因爲，在日本，書寫過程中不用塗抹或重複（因爲文字是一筆寫成的），用不着發明橡皮或是這類塗改用具（橡皮是受指內容的象徵，人們想擦去的就是這種東西，或是從最低限度説，人們想減輕、想縮小的就是它的那種豐富性；但是在街道的另一邊，在東方的那‧邊，鏡子都是空的，何需橡皮？）。工具中的任何一件都被引向一種不可逆的、玲瓏嬌弱的書寫所具有的那種悖論性質，這種書寫同時具有兩種相互矛盾的性質，既有雕刻性，又有滑動性；紙張則有上千種，其中很多種紙的紋理都依稀可見淡淡的稻稈，壓碎的麥梗，讓人想到這些纖維狀物質的來源；筆記本的每一頁都是雙層摺疊着，就像一本書的書頁沒有切開，這樣，書寫時就在一種豪華的平面上移動而從不滲開，對於每一頁的正反面所含有的那種意思根本不在乎（在紙上空間運筆抒展）；羊皮紙①——被塗去的筆迹因而成爲一個秘密——則是不能這樣使用的。至於毛筆（在水墨濕潤的硯臺上蘸一蘸），它有自己的一套動作，就像手指那樣；而我們的古老的鋼筆卻只知道滯澀和流暢，並且在紙上總是向着同一個方向移動，而毛筆則能夠滑動，拐彎，提起來，可以這樣說，那種行文筆觸乃是由那股渾厚的氣支配着，這種筆具有手的那種人體的、圓潤的靈活性。日本的那種水筆，接替毛筆繼續使用：這種筆不是那種尖頭筆的改進，它本身就是自來水筆（由鋼質或軟質製成）的一個品種，它的前一代就是表意文字使用的那種筆。這種書寫觀念——每一家日本文具店都與這種觀念有關（在每一家百貨商店裏，都有一位公共書寫者，他在印有紅邊的長信封上垂直書寫着禮品的地址）——將帶有一種悖論意味（就我們所知道的而言，至少是這樣），在打字機中重新得到發現。在我們這裏，馬上就會把書寫轉變成一種商品：人們在書寫的時候，先要把本文加以編排、整理；而在他們那裏，用來書寫的字無窮無盡，這些字不再排成一行，而是隨着紙卷筒的滾動被寫下來的，他們那種書寫方式使有着裝飾性質的表意文字揮灑得滿紙皆是，一言以蔽之，散佈得整個空間都是。這裏，這種機器——至少就其潛在意義而言——發展成爲一種真正的書法藝術，這種書法藝術將不再是單個字母的一種有審美意義的勞動，而是取消了那種以手書寫的、揮灑滿篇的符號。

【譯注】

①羊皮紙，這種紙可以消去舊字，寫上新字。

22

寫出來的面孔

　　戲劇臉譜不是繪畫（化裝）出來
的，而是書寫出來的。那裏出現了這種
難以預想的活動：雖然繪畫和書法用的
本是同一件工具──毛筆，但誘使書法
走上那種裝飾性風格、產生那種炫耀
的、撫愛的筆觸、進入那種有表現力的
空間的，並不是繪畫（我們這裏的情況
無疑卻正是這樣，在西方，決定它文明
的前景的變數總是歸於美學上貴族化的
追求）；恰恰相反，征服繪畫動作的正
是那種書法動作，因此，**畫畫不過是書
寫**而已。這種戲劇臉譜（在能樂①中是
戴面具，在歌舞伎②中是畫臉譜，在文
樂③中是人工製作的）是由兩種質料構
成的：紙的白色和筆墨的黑色（給眼睛
留出來的）。

白臉的作用似乎不是使肉色失去自然本色或是使之漫畫化（像我們這裏的小丑那樣，小丑臉上的白粉和油彩只是一種激發人們去塗畫面容的引誘物），而是完全抹去諸種特點的一切原先痕迹，把面部表情變成由一種粗糙材料構成的一片空白，沒有任何一種自然物質（粉、膏、石膏，或是絲）能夠以隱喻的方式通過紋理、柔膩性或是光澤而顯得生氣盎然。臉不過是**將要被書寫的東西**，而這個未顯的將來其實已被手書寫下來了，人們用手把睫毛、鼻尖、顴骨畫成白色，還給臉孔套上如石塊般緊密結實的黑色假髮。這張白臉沒有光澤而又沉重，像塗上一層糖，厚厚實實；這張白臉同時表示兩種相互矛盾的動態：凝固性（用我們的"道德的"術語來說，就是：冷漠無情）和脆弱性（這種表現樣式和前面的一樣，我們且把它稱作是：易感性）。眼睛和嘴部留下一道冷漠的、細長的縫隙，那不是畫在皮膚表面上的，而是刻進去的。那雙眼睛給攔在又直又平的眼皮後面，可卻沒有給箍住——眼睛下面沒有圓環托着（眼睛下面的圓環：這是西方人面容的一種主要的具有表情價值的東西：疲憊、病態、色情），那雙眼睛在面孔上直接透散出來，恰如一個既漆黑又空靈的書寫源泉，"墨水瓶之夜"；

符號禪意東洋風

這位洋人大學講師爲《神戶新聞》"引述"後，就發現自己"給日本化"了，日本的印刷術把他的眼睛拉長了，並把他的瞳仁塗黑了。

ロラン・バルト氏

この文化使節として来日した。二十日まで滞在し、その間東大、京大など数力所で講演を行なう予定である。

しかし、いまティックな言トはフランス『問題の』批るだろう。前

人文科学を駆使バルトの名前は日本ではほとんど知られていない。（処女作「文ーヌ論」「批体＝エクリチュール＝の原点」が森本和夫氏によって「零度の文

シュレル論」ー論」「批評と

これまでの著

反過來，"引用"安東尼‧柏堅斯（Anthony Perkins）的說話，年青演員丹波哲郞已失去了亞洲人的眼睛。那末，我們的臉孔如果不是"引文"，又是甚麽？

而且，這張臉畫得像是一塊布，緊靠在眼睛的黑暗（不是"幽暗"）深淵旁邊。這張臉還原爲關於書寫的基本施指符號（面孔的空白以及刻寫的凹痕），這張臉取消了一切受指内容，即一切表現性：這種書寫甚麼也没有寫（或者説所寫的是：**空無**）；它不僅不把自己"出借"（這是一個樸素的商業用語）給任何情感、任何意義（甚至也不出借給冷漠無情或非表現性），而且它實際上也不複製任何角色：身穿異性服裝的演員（因爲女性角色是由男性來扮演的）並不是一個裝扮成女人的男孩子，其表演依賴上千種細緻的表情、逼真的手法以及奢華的模仿，但是那種純粹的施指符號——這種符號的**底蘊**（即真理）既不是秘藏着的（即小心翼翼地戴上假面具），也不是偷偷摸摸地表現出來（朝男性配角投以滑稽的一瞥，像西方的男扮女裝表演中出現的那種情景：豐腴的白膚金髮碧眼女郎的那些庸陋或粗大的手腳正確無誤地揭穿了那個有着荷爾蒙激素的胸房的虚假性）——乾脆是**没有的**；那位演員的面部並不扮演女人或是模仿女人，而只是指代女人；如果像馬拉美④所説的那樣，書寫是由"觀念的姿態"構成的，那麼，這裏的男扮女裝則是女性的那副姿態，不是剽竊。因此，看一個五十歲的演員

（極負盛名而又受人稱讚）扮演一位陷入情網的、怯生生的年輕女郎的角色，這一點也不聳人聽聞，換句話說，一點也不讓人感到奇特（這在西方是不可思議的，在西方，男扮女裝本身就不是好主意，不受觀衆擁護，那純粹是違背情理的事）。因爲青春——這裏所說的程度較諸女性品質也不相上下——不是我們發瘋般地追求其真實的那種自然本質；這種符碼的美化表現，它的那種精確性，毫不着意於一種有機體類型的任何廣延的模仿（來引生一位年輕女郎的真實的肉體）；這種符碼的美化表現，其作用——或者說是賴以存在的理由——就是吸收和消滅表現在施指符號那種微妙衍射中的女性的全部真實性。在這種表現爲符號而不是再現實體的表演中，**女人**是一種觀念，而不是一種自然體，這樣一來，她就還原到那種類別化功能中去，還原到她的純差異性的真實中：西方的男扮女裝者想成爲一個（具體的）女人，而東方的演員追求的只不過是把女人的那些符號組合起來而已。

然而，這些符號具有極端性，這並不是因爲這些符號是修辭性的（人們可得見它們並不具有這種性質），而是因爲這些符號是知性的——像書寫那樣，是"觀念的姿態"——它們把身體上的

寫出來的面孔

Ils vont mourir, ils le savent
et cela ne se voit pas.

符號禪意東洋風

他們將要死了，這一點他們
都知道，這裏卻看不出來。

一切表現力加以清除：人們會説，由於成爲符號，因而減弱了意義。這就對符號與冷漠無情（正如已指出的那樣，這個詞不夠恰當，因爲它有着道德性和表現性）這兩者的結合——這是亞洲戲劇的顯著特點——做出了解釋。這觸及某種死的方式。想象並且製作出一副面容，這副面容並不冷漠無情或是麻木不仁（這仍然是一種意義），而是好像從水中浮現出來的，似乎把意義沖洗掉了，這種對面容的想象和製作乃是對待死亡的一種方式。請看1912年9月13日乃木將軍⑤的這張照片（這位將軍曾率軍在旅順戰勝俄國人），這是他和妻子的合影；他們的天皇剛剛死去，他們決定第二天自殺；這時，他們**心裏很清楚**；他給自己的鬍子、法國軍帽和那副打扮掩蓋着，幾乎一點也看不出面容；但是，他妻子的那張臉卻一覽無餘——冷漠？愚蠢？尊嚴？農婦之態？正如在男扮女裝的演員那裏，不可能有任何形容詞，謂語也被取消，那不是由於死亡逼近的那種莊嚴性所致，恰恰相反，那是由於**死**的意義的空無、作爲一種意義的死亡變得空無意義所致。乃木將軍夫人作出決定：死亡就是意義；她將和死亡同時消失；因此，如果這表現在她的面容上，那就無需再"提到"它了。

【譯注】

①能樂，日本古典戲劇，產生和盛行於室町時代（15世紀）。

②歌舞伎，形成於17世紀的一種日本戲劇。演員負責做勢和對話，歌曲則由伴唱者唱出；繪有臉譜，動作誇張。

③文樂，即木偶戲。

④馬拉美（ Stéphane Mallarmé, 1842-1898 ），法國象徵派詩人。其獨特詩風是基於對文字音樂性的假定，以爲字的音樂性來自字音及其聯想，這比字義更重要；重含蓄而輕直說。

⑤乃木，即乃木希典（1849-1912 ），日本將軍。1886年赴德研究軍制、戰術。歸國後一度退伍，過半農生活。中日甲午戰爭時入伍參戰，戰後任臺灣總督。在日俄戰爭中任第三軍司令官攻打旅順，憑"肉彈"反覆發動總攻，付出重大犧牲後才攻陷。歷任軍事參議官、學習院院長等職。後與其妻靜子一起爲明治天皇殉葬，給人們很大衝擊。

寫出來的面孔

23

一個法國人（假如他不是在國外）是不能給法國人的面孔分類的；毫無疑問，他能覺察出一般人的那種面孔，但是把握不住這些反覆出現的面孔的那種抽象特點（這就是它們的類別）。他的同胞的身體——在日常生活中是看不到的——是一種他不能夠訴諸任何符碼的語言；在他看來，那些面孔的似曾相識感沒有知性價值；美——假如他碰見美——在他眼裏決不是一種基要特質，一種探究的極峯或完成，種類的一種可認知的成熟態的果實，而只是一次幸運，一個對於平庸的脫突，對於重複的背離。反之，如果這個法國人在巴黎看見一個日本人，就會以種族的抽象觀念看他（假如他不把那個日本人簡單地看作是一個亞洲人）；在這些極少見到的日本人的身體之間，他覺察不出任何區別；更何況一旦把日本種族統合成一個單獨的類型時，他就會胡亂地把這種類型同他對日本人的文化形象聯結在一起，他對日本人形成的這種文化形象甚至不是來自電影——因為這些電影只給他提供了那些沒有時代感的人物，像農民或是武士，這些人物與其說是屬於"日本"，還不如說是屬於"日本電影"的產物——而是來自一些新聞照片和一些新聞短片；這種原始類型的日本人是很糟糕的：外形瘦削，戴一副眼鏡，看不出年齡上的特徵，身穿端端正正、沒有光澤的衣服，是一個愛羣居的國度裏的小小的雇員。

在日本，一切事物都變了：異域符碼表現出的那種空洞或過溢——待在國內的法國人碰上**外國人**時（他把這位外國人叫**異類**，儘管他看不出這個異類有甚麼特異之處），對這一點也無能為力——被吸收到一種言語和語言的新辯證法中，被吸收到一種系列性和個體性的新辯證法中，被吸收到身體和種族的新辯證法中（這可以如實地說是一種辯證法，踏足日本所一揮而就顯示的是，從量變到質變，把小官員轉生成豐富的多樣性）。這種發現是異乎尋常的：街道，商店，酒吧，電影院，火車，把那本充滿面容和身姿的大辭典敞開，在這本大辭典裏，每個人體（即每個詞）都只以自身作爲意義，然而又指涉一種類別；在這裏，人們既能獲得一種（與脆弱性，與奇特性）邂逅相逢時的那種喜悅，又能獲得一種類型（貓，農民，蘋果，蠻人，拉普人①，知識分子，貪睡漢，圓臉人，微笑者，做夢者）的啟示，這是一種心智上的喜悅的源泉，因爲不可把握的東西被把握住。置身於這個有着上億人體的民族裏（人們將會喜愛這種對人體數量的確定勝過喜愛對"靈魂"數量的確定），人們既避免了絕對多樣性的那種平庸——這種多樣性最終不過是純粹的重複而已（就像那位與自己的同胞發生分歧和衝突的法國人那樣）——又避免了唯一類別的那種陳陳相因，在這種唯一類別中，一切區別都變得殘缺不全（正如我們想象着在歐洲見到的那位日本的小官員那樣）。可是在這裏，正如在其他語義羣裏那樣，這一系統在其消亡點出現時是有效的：一種類型把自己凸現出來，然而它的那些個體卻從未並排出現過；在一個公共場所顯現的每一個集合體中，你（就像在句子中）把握住已知的那些特異的符號，把握住新鮮的但卻是潛在地重複的身體；在這樣一種場景中，從來沒

141 ●

百萬人體

有過兩個貪睡漢或兩個微笑者同時在一起，而一個和另外一個由一種知識聯結在一起：成規舊套吃不開，而可被理解的東西卻得到保留。而且在該符碼的另一個消亡點出現的時候，某些意想不到的結合物被人發現：蠻人與女性恰好相合，平勻與散亂構成諧和，花花公子與學生相輔相成，如此等等，在這種系列中出現新的發展方向，成爲性質截然不同的無窮無盡的新的產物。人們會說，日本不單把這種辯證法施於人體，同樣把這種辯證法施於物體：請看一家百貨商店裏的那個手帕架吧，那裏的品種數不勝數，五花八門，各色各樣，可是並不彼此排斥，也並非漫無秩序。

再說俳句：在日本歷史上，有多少俳句呢？這些俳句講的都是相同的事物：季節，植物，大海，村莊，影像，然而每一種事物都以自己的方式成爲一個不再複現的事件。再說表意文字符號：它們在邏輯上不能歸類，因爲這些符號避開了一種任意但卻受到限定的——因此能被記住——語音秩序（字母表），然而卻在詞典裏得到分類編排，在詞典裏，身體極妙地存在於書寫和分類中，畫出這些符號所需的各種姿態的數字和秩序決定了這些符號的基本類型。身體也如此：所有日本人（亞洲人不這樣）形成一個基本的身體

（但並不是一個總體的身體。像我們從西方人的眼光所設想的那樣），那是彼此各異的身體的一個大宗族，每一個身體都與一個種類相聯，種類有條不紊地朝着一個漫無止境的秩序這個方向消失。一言以蔽之：面向最後的時刻，像一個邏輯系統那樣敞開着。這種辯證法的結局如下：日本人的身體達到它的個體的限度（就像那位禪宗大師**發明出**一種荒誕的正反倒置的回答法，來對付門徒提出的那種嚴肅而又平庸的問題），但是這種個體卻不能夠從西方人的觀點去理解；它全然沒有歇斯底里，其目的並不在於使個體進入一個與其他身體不同的原初的身體裏，那種使西方受到感染的升騰的狂熱之情使它火燒火燎。這裏，個體不是封閉物，不是戲院，不是超越，也不是勝利；它只是區別，毫不特殊地從身體折射到身體。這就是為甚麼在這裏美不是以一種不可企及的怪異、以那種西方的方式來給出定義的原因：它在這裏冒頭，在那裏出現，它從一種區別奔向另一種區別，這種區別排列在身體的那個龐大的句法結構之中。

【譯注】

①拉普人（lapon），分佈在挪威、瑞典、芬蘭和蘇聯北
　部的人種。

符號禪意東洋風

眼瞼

24

　　構成一種表意文字的那一組特徵是
從一種具有任意性和規則性的秩序中抽
出來的。這線條是從一枝飽滿的中鋒開
始，以一個簡單的點結束；這個系統在
其方向的最後一瞬間發生屈折變化，轉
變了方向。我們從日本人的眼睛裏重新
發現的也是這樣一種壓力的痕迹。似乎
解剖家兼書法家把他的飽滿的中鋒放在
眼睛裏面的一個角落，然後輕輕轉動，
畫出一條線，就像在一揮而就的繪畫中
那樣，以一種橢圓形的線條劃開那張
臉，結束時手腕迅速一扭，收筆在太陽
穴部位；這筆觸是完美的，因爲它簡單
直捷，倏忽完成，而筆法老練，就像人
們以畢生之力學會以漂亮的姿勢一揮而
就的圓圈一樣。因此，眼睛保留在平行

Par-dessous la paupière
    de porcelaine,
une large goutte noire :
la Nuit de l'Encrier,
dont parle Mallarmé.

符號禪意東洋風

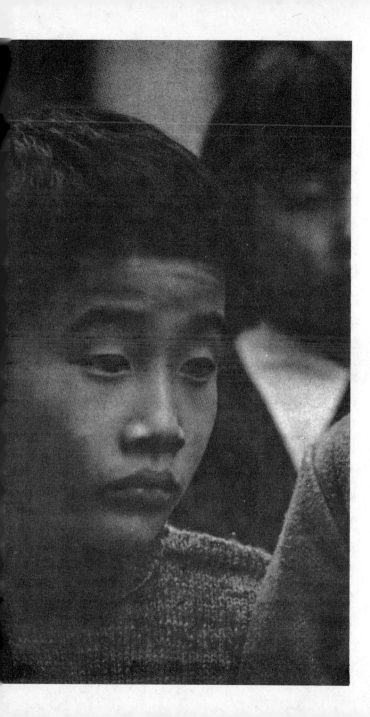

147

眼
瞼

的眼瞼和眼瞼邊緣的（倒置的）雙曲線之間：它看上去像是樹葉輪廓的刻印，又像是一個橫置的又闊又大的逗號。眼睛是扁平的（這是它的奇異之處），既不太大，也不太小，既不凸也不凹，因此可以説是沒有皮，那是一張平滑的表面上的平滑的開縫。那個瞳仁是緊張的，脆弱的，靈活的，聰明的（因爲這隻眼睛被那條開縫的上面一條邊遮住、攔斷；所以似乎隱藏着一種深深的憂鬱，隱藏着一掬智慧，那不是在凝視的目光**背後**，而是在它**上面**），這個瞳仁沒有被眼眶造成一種戲劇化效果，像西方人的生理形態那樣；這隻眼睛在它的開縫中是自由的（它貫注在開縫裏，漂亮而又靈巧），我們法國人稱之爲 bridé（受抑制的，受約束的），這是很錯誤的看法（這顯然是從種族優越感出發的）；沒有任何東西限制着眼睛，因爲眼睛是寫在皮膚的平面上，而不是被刻在骨質結構裏，它的空間乃是整個面孔。西方人的眼睛隸屬於心靈的整個神話學領域，這種心靈具有中心的、秘密的性質，它那藏匿在眼窩裏的火焰，向着一種肉體的、感官的、激情的外部表現放射出來；但是日本人的面孔卻沒有道德的層級統屬性，它是活生生的，生動的（與東方的層級統屬體系的傳説正相反），因爲這種臉的生理形態不能夠作"深層"閱讀，也就是說，從一種內在深度的軸心線來看是這樣；它的那種模式不是雕刻性的，而是書寫性的：它是一種柔順的、輕弱的、交織緊密的材料（當屬絲綢之類），乾脆地說，似乎是被兩條線頃刻之間一揮寫就的；"生命"並不存在於這雙眼睛的光輝裏，而是存在於一種平面與這種平面的開縫之間的那種毫不秘密的關係中，存在於那種裂縫、那種區別、那種省略中，可以這樣說，這些都是快樂所具有的公開表現形式。那副憊憊欲睡的眼態（我們可以在火車裏、在夜晚地鐵裏從許多人的面孔上觀察到這一點）含有極少生理形態上的因素，只需做一個小小的手術：如果沒有一層皮，這眼睛就不會"變得沉重"；它只不過是貫串起在面孔上逐步體現出來的、逐漸完成的整合的、有節律的級度：眼睛下垂，眼睛閉上，眼睛"沉睡"，一條封閉線進逼向永無休止地垂落的眼瞼。

暴力的書寫

25

當我們說全國學生聯合會的暴亂是有組織的，所涉及的就不只是一系列策略性防範措施（這個初步看法已然跟這種暴亂的神話相矛盾），而且還涉及這些行動的一種書寫，這種書寫把西方那種暴力特質——自發性——清除得乾乾淨淨。在我們西方的神話學中，往往懷着對文學或藝術同樣的偏見來看待暴力：我們所能够賦予它的功能僅僅是**表現**一種內容，一種內在本質，一種天性，表現這種功能時運用的則是原始的、野蠻的、沒有系統性的語言；毫無疑問，我們肯定會認爲可以把暴力轉向預定的目標，可以把暴力轉變成思想的工具，但這不過是把**先前的**、最原始的強力加以馴化的問題。全國學生聯合會

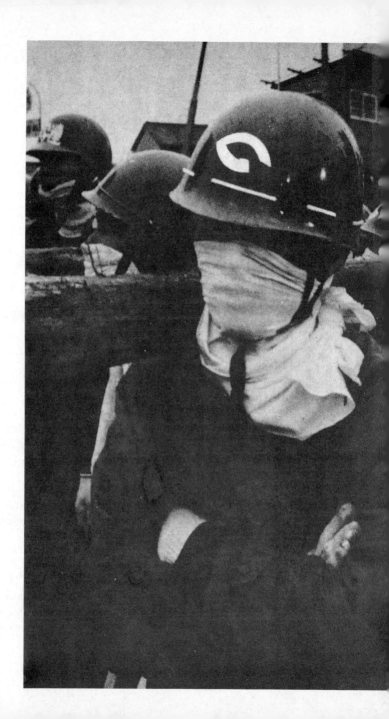

Etudiants

的暴力行動並沒有在它自己的計劃產生之前出現，而是與之同時產生；它立刻成爲一個符號：它甚麼也不表現（不表現仇恨，不表現憤慨，也不表現任何道德觀念），反而在一種轉移的目標中（去包圍和拿下一個市政廳，掃除一片鐵絲網）毀掉了自己；然而，有效性並不是衡量它的唯一的尺度，一個純粹的實際的行動把那些象徵符號置於圓括號之內，而並不探究它們的指謂意義：人們利用這個題目，卻又讓它絲毫不動（像士兵那種處境）。全國學生聯合會的暴亂，儘管是全然功能性的，始終不失爲一種符號的大匯演（這些行動是有"羣衆基礎"的），這種書寫所具有的那些特徵——比盎格魯‧撒克遜人對"有效性"所作的那種不動感情的表述給人們提示出來的，要多得多——實際上並沒有連續性，它們排列得整整齊齊，有條不紊，這不是爲了要表示甚麼，而是似乎要拋棄（在我們看來）那種即興式的騷亂這種神話，拋棄那些豐富的"自發的"象徵符號：這裏有一個色彩的範例——紅—白—藍三色防護帽，但這些色彩與我們的色彩正相反，它們與歷史上的東西無關；這裏有各種行動（推翻、根除、拉曳、打樁）的一種句法組合，像一句平平無奇的句子，而不像是迸發奇想的精警語

符號禪意東洋風

句；這裏有一種表示回到暫停的符號（離開是爲了到界外去休息，給出一種形式以示歇息）。所有這一切，都結合在一起產生一種羣衆性的書寫，而不是一伙人的書寫（那些姿態做得很完善，人們彼此並不互相幫助）；最後，也就是這個符號的最大的危險，有時候有人承認，戰鬥員唱誦的那些口號不應當道出行動的**原因和理由**（人們爲所擁護或反對的事情而戰鬥）——這就會再一次使語言成爲對一種理由的表達，成爲對一項可取的作爲的認定——而只應當道出這種行動本身（全國學生聯合會**正準備爲此而戰鬥**），因而再也用不着通過語言來對這種行動加以掩蓋、指引、辯護、說明其純真無邪——那種外表的神聖高於戰鬥，就像一位戴着弗列吉亞帽的馬賽女人——但是卻配上純聲音的操演，這種操演只不過給暴力的總量多加一個姿態，給它"多一塊肌肉"。

符號的小屋

26

在這個國度的任何地方，都會出現一個特殊的空間組合：旅行時（在街上，坐火車穿過郊區，翻山越嶺），我感覺到遠方和近區是連結在一起的，一塊塊原野（就其田園意義與視覺意義而言）是並置在一起的，它們既是不相關聯的，又是開放的（一片片茶園，一塊塊松林，一簇簇淡紫色的鮮花，黑色的屋頂構成一幅圖案，窄街小巷織成一幅縱橫交錯的網格，低矮的房屋排列得沒有一點均衡感）：沒有圍牆（那些非常低矮的除外），我從未被地平線（及其夢的氛圍）所包圍：沒有任何熱望激勵着我，使我挺起胸膛來證實我的自我，使我自己成為這無限風光的攝取中心：面對那種為說明一個空無的界限是存在的而提供的證據，我沒有那種恢宏的概念，也沒有形而上的說明，我感到自己是無拘無束的。

　　從山坡到十字路口，到處都是住所，我總是住在這種地方最豪華的房間。這種豪華（在別的地方，豪華是指有涼亭，有走廊，有奇特的建築，有收藏家的陳列室，還有私人圖書室）是這樣產生的：這個地方除了它那塊給人以生氣活潑之感、充滿斑爛多彩的符號（花朵、窗子、葉飾、圖畫、書籍）的地毯之外，就再沒有其他限制；限定空間的不再是那堵高大的、連綿不斷的牆壁，而是把我鑲嵌起來的那些零零碎碎的景象所起的那種抽象作用；牆壁在文字刻寫下坍圮了；花園是由體積很小的礦質（一塊塊石頭，沙上留下的耙子痕迹）構成的圖案，這個公共場所乃是一系列稍縱即逝的事件，這些事件在一瞬間

... au sourire près.

近於微笑

變得惹人注目，變得那麼生動活潑，那麼纖柔細膩，乃至符號在任何具體的受指內容有時間來"捕捉"之前就把自己毀滅了。人們可能會說，一門古老的技藝允許風景或景物自己創造出自己，允許風景或景物在一種純粹的意義中出現，這種意義是陡然出現的，空的，像是骨折似的。這就是符號的帝國嗎？如果這些符號是空的，這種宗教儀式是沒有神的，那麼回答就是肯定的。看看這間符號的小屋（這是馬拉美的住所），那就是說，對於那個國度裏的一切風景，城市的，家庭的，鄉村的，最好是能夠知道這種風景是怎樣構成的，那麼就拿志木台（ Shikidai ）①畫廊作例子吧：裝飾牆壁的是一個個洞格，空空洞洞，因而甚麼也沒有裝飾，這無疑也是一種裝飾，但這樣一來，那種圖案裝飾（花木鳥獸）就被挪開了，得到了昇華，遠遠地離開了前景，這裏有地方放傢具（法文中 meuble ②這個詞有一種矛盾性質，因為它常常用來指任何不動的東西的一種特質，你做甚麼它都承受得住；在我們這裏，傢具有一種固定不動的性質，然而在日本，房屋常常處於一種解構狀態，它幾乎就是一件能夠移動的傢具）；在志木台畫廊裏，正如在一個理想的日本房屋裏那樣，乾脆沒有傢具（或是只有極少

符號禪意東洋風

傢具），就"所有權"這個詞的最嚴格的意義來說，這裏沒有任何地方能夠説明有一點兒這樣的特性：沒有座位，沒有牀，也沒有桌子，在這種情況下，身體就使自己成了空間的主體（或者説是主人），那種中心性受到排斥（對西方人來説，這是痛苦的打擊，因爲他那裏到處都是傢具：他的扶手椅、他的牀，他是一個家庭場地的佔有人）。由於這種空間沒有中心性，所以它也可以倒過來：你可以把志木台畫廊整個兒顛倒過來，甚麼事也沒有，只不過上下、左右方向變了，無關緊要。其內容無可挽回地消失了：不管是我們從這裏經過，從這裏穿過去，還是坐在地板上（如果你把這副景象顛倒一下，那就是坐在天花板上），沒有任何東西能夠讓你抓住。

【譯注】

①在京都二條城，建於1603年。

②meuble：木器，傢具。

譯後記

　　這是一本難譯的書。作者寫得自由自在，無拘無束，把符號學理論和概念揉入了他所觀察到並且感興趣的日本文化現象中，這可苦了譯者——硬譯則不達，意譯則又恐不確。

　　因此，這本書雖然篇幅不大，但在翻譯中卻頗費推敲。我的原則是，把該書本文自身作爲一個系統進行翻譯；充分尊重原書給出的文字意思與整體意思，力求嚴謹地表達原書的思想。巴爾特的著作比較艱澀，我曾和朋友張景智一同討論過本書第一、第二章的若干詞語和譯文，在此僅向他表示謝意。

　　當全書的翻譯快要完成，而又看來這裏那裏都未能完成，當我還在斟酌推敲着這裏那裏的一字一句的時候，恰值北京七月酷暑，不是大熱，就是大悶，有如南國的梅季。雖時有雷雨驟來，也難免暑天譯事之焦躁。在這之中，間或從南國拂來一縷清風。書稿譯畢，擲筆在地，望着天上悠悠的白雲奇峯，聽着遠方隆隆的沉悶雷聲，一種輕鬆感從心中驀然湧出。

符號禪意東洋風／羅蘭・巴爾特(Roland
　Barthes)著；孫乃修譯. --臺灣初版. --臺
　北市：臺灣商務，民82
　　面；　公分. --(新思潮叢書；7)
　譯自：L'empire des signes
　ISBN 957-05-0723-3 (平裝)

　1.日本-文化　Ⅰ.題名：L'empire des
signes

541.263　　　　　　　　　　　82002613

新思潮叢書 7

符號禪意東洋風
L'empire des signes

定價新臺幣 150 元

主　編　者	江　先　聲
著　作　者	羅蘭・巴爾特(Roland Barthes)
譯　　　者	孫　乃　修
責 任 編 輯	李　震　東
封 面 設 計	王　文　騏
發　行　人	張　連　生
出　版　者 印　刷　所	臺灣商務印書館股份有限公司

臺北市 10036 重慶南路 1 段 37 號
電話：(02)3116118・3115538
傳眞：(02)3710274
郵政劃撥：0000165-1 號
出版事業
登　記　證：局版臺業字第 0836 號

・1992 年 6 月香港初版
・1993 年 6 月臺灣初版第一次印刷
・1994 年 12 月臺灣初版第二次印刷
本書經商務印書館(香港)有限公司授權本館出版

ISBN　957-05-0723-3 (平裝)　　　　　b 86305001